Carsten C. Schermuly

New Work Utopia

Zukunftsvision einer besseren Arbeitswelt

1. Auflage

Haufe Group
Freiburg · München · Stuttgart

Bibliografische Information der Deutschen Nationalbibliothek

Die Deutsche Nationalbibliothek verzeichnet diese Publikation in der Deutschen Nationalbibliografie; detaillierte bibliografische Daten sind im Internet über http://dnb.dnb.de/ abrufbar.

Print: ISBN 978-3-648-15934-7 Bestell-Nr. 10829-0001
ePub: ISBN 978-3-648-15935-4 Bestell-Nr. 10829-0100
ePDF: ISBN 978-3-648-15936-1 Bestell-Nr. 10829-0150

Carsten C. Schermuly
New Work Utopia
1. Auflage, Mai 2022

www.haufe.de
info@haufe.de

Bildnachweis (Cover): © Stoffers Grafik Design
Illustrationen: Johanna Meyers

Produktmanagement: Dr. Bernhard Landkammer
Lektorat: Dr. Michael Sellhoff

im Gedenken an Thomas Morus
(geboren 1478, geköpft 1535)

Inhaltsverzeichnis

Vorbemerkung

Die Utopie ist ein Gedankenexperiment, sie entwirft einen alternativen Möglichkeitsraum und kritisiert damit die Realität. Thomas Morus beschreibt im Jahr 1516 die fiktive Insel Utopia, die im Gegensatz zur feudalen Gesellschaft Englands steht. Die Utopier wählen alljährlich ihre Phylarchen, die das gesellschaftliche Leben organisieren, auf der Insel hat sich der Sechsstundentag durchgesetzt und es herrscht Religionsfreiheit.

In meinem eigenen, hier vorliegenden Gedankenexperiment entwerfe ich keine Gesellschafts-, sondern eine Unternehmensutopie. Das dabei im Mittelpunkt stehende, ebenfalls fiktive Unternehmen Stärkande steht im Kontrast zu den vielen Organisationen, die derzeit bei New Work bloß an eine Betriebsvereinbarung für die Arbeit im Homeoffice denken. Doch New Work ist so viel mehr als nur Homeoffice. Die Stärkanderinnen[1] nutzen bekannte, aber auch vollkommen neue New-Work-Praktiken in ihrem Unternehmen und sind Vorreiter beim Thema Empowerment. Sie haben die Digitalisierung von HR-Prozessen und die Zusammenarbeit mit einer künstlichen Intelligenz namens Thufir perfektioniert, auch wenn der Weg dahin nicht immer einfach und linear war.

In »New Work Utopia« führe ich Sie nun in die Arbeitswelt von Stärkande ein und zeige Ihnen, wie das Unternehmen zu seinen Arbeitsprinzipien gekommen ist. Diese Arbeitsprinzipien nennen die Stärkanderinnen »Axiome«, sie sind die Essenz meiner Zukunftsvision für Organisationen in einer besseren Arbeitswelt.

Eines noch, bevor wir uns auf den Weg machen: Viele Regisseure gönnen sich in ihren Filmen eine Nebenrolle. Mir begegnen Sie in der Utopie als einem Professor, der seit vielen Jahren als wissenschaftlicher Beirat für Stärkande tätig ist.

Achtung!
Sie betreten nun einen utopischen Raum

E-Mail an Raphael Hythlodeus über die Fertigstellung des Manuskripts

Senden

An raphael.hythlodeus@staerkande.de

Cc

Betreff Fertiges Manuskript

Lieber Raphael,

ich grüße Dich herzlich und hoffe, es geht Dir gut. Verzeih bitte, dass ich Dir erst heute das Manuskript zusende. Du findest es im Anhang. Vielen Dank für Deine Hilfe und die Unterlagen, die Du mir über Stärkande zur Verfügung gestellt hast. Natürlich konnte ich durch meine Tätigkeit als wissenschaftlicher Beirat vieles selbst beobachten. Aber als Beirat siehst du immer nur Ausschnitte und musst die Arbeitsprinzipien nicht jeden Tag selbst leben. Du hast Stärkande mit Jessica und Alia aufgebaut und als Archont für Personal und Empowerment mehr Überblick über den besonderen Weg, den Stärkande gegangen ist. Deine Einblicke und Dein Überblick haben mir beim Schreiben sehr geholfen.

Das Buchprojekt hat mir Spaß gemacht und ich bin überzeugt davon, dass die Menschen erfahren sollten, wie bei Stärkande gearbeitet wird. Eure Organisation steht wie keine andere so konsequent für New Work und die Digitalisierung von HR-Prozessen. Bitte schau Dir auch die Teile an, in denen ich Schwierigkeiten benenne. Es bleibt z. B. im Manuskript nicht unerwähnt, wie Ihr an der Wahl von Führungskräften gescheitert seid. Ich möchte Dich bitten, diese Stellen nicht zu kürzen. Ich denke, die Leserinnen können auch von Eurem Scheitern in Teilbereichen von New Work profitieren.

Ich fand es wichtig, dass ich zuerst einen Überblick gebe, vom wem Stärkande gegründet worden ist und welche Produkte und Dienstleistungen das Unternehmen im Portfolio hat. Das Spannende ist ja, dass Stärkande dieser Zustand von New Work und Empowerment mit einer so großen Vielfalt an Produkten und über 1.000 Menschen gelungen ist. Die 22 Axiome, die die Zusammenarbeit bei Stärkande leiten, habe ich danach aufgeführt. Ich habe den Begriff des Axioms, den Ihr nutzt, durchgängig beibehalten. Es ergibt Sinn, mit den Begriffen von Stärkande zu arbeiten, auch wenn manche davon den Leserinnen zunächst fremd sind. Am Ende des Buchs findest Du ein Glossar. Bitte prüfe, ob alle Begriffe dort korrekt erklärt sind.

Du hast in einem unserer Gespräche gefragt, ob andere Organisationen dem Weg von Stärkande folgen können. Darüber habe ich viel nachgedacht. Den Weg von Stärkande kann man sicher so nicht eins zu eins »nachwandern«. Viele Wege, die zu Stärkande führten, sind längst von der Zeit verschüttet worden. Jedes Unternehmen besitzt eine eigene Persönlichkeit und lebt in einem spezifischen Ökosystem, in dem es erfolgreich sein möchte. Doch für eine bloße Illusion hätte ich mich nicht so viele Abende an den Schreibtisch gesetzt. Stärkande hat so viele Neuerungen bei der Zusammenarbeit von Menschen entwickelt. Selbst wenn nur Teile davon in anderen Unternehmen umgesetzt werden, dann würde das zu einer Verbesserung der Arbeitsverhältnisse und Arbeitsprozesse führen.

Raphael, es ist geschafft. Ich wünsche Dir viel Freude beim Lesen und erwarte Dein kritisches Feedback. Bitte schone mich nicht! Du weißt, dass ich meinen professoralen Narzissmus einigermaßen im Griff habe.

Verzeih mir bitte diese lange Mail!

Viele herzliche Grüße nach Wiesbaden
Dein Carsten

srh

Carsten C. Schermuly, Prof. Dr. habil.
Vice President Research and Transfer
SRH Berlin University of Applied Sciences
Ernst-Reuter-Platz 10
10587 Berlin

Teil I

Vor mittlerweile zehn Jahren klingelte das Telefon in meinem Arbeitszimmer. Damals stellte mir mein Arbeitgeber nicht nur ein eigenes Büro, sondern auch ein Festnetztelefon zur Verfügung. Ich hatte keine Lust zu telefonieren, aber das Telefon klingelte nun einmal und also nahm ich ab (so machte man das damals). Am anderen Ende des Apparats stellte sich ein Mann als Raphael Hythlodeus vor und meinte, er sei Archont für Personal und Empowerment des Unternehmens Stärkande. Ich wusste weder, was ein Archont, noch, was Stärkande war, doch die Begriffe Personal und Empowerment waren mir geläufig, denn ich schrieb gerade meine Habilitation zum Thema New Work und Empowerment. Dem Anrufer war diese Tatsache bekannt und das verwunderte mich. Wenn ich damals auf Konferenzen über New Work und Empowerment sprach, war das Publikum überschaubar.

Raphael kannte sich nicht nur mit meiner Forschung aus, sondern hatte auch das New-Work-Buch von Frithjof Bergmann gelesen, das als Geburtsort des Begriffs »New Work« gilt. Er erzählte mir, dass er und sein Unternehmen auf der Suche nach einem wissenschaftlichen Beirat seien, denn sie beabsichtigten, auch bei den Themen Personal und Organisation noch stärker evidenzbasiert zu handeln. Ich wurde neugieriger und begann mit Lust, Fragen zu stellen. Ich bekam die ersten Arbeitsprinzipien von Stärkande vorgestellt und war sofort gefesselt: Arbeit in Phylen, Leadership on demand oder eine holokratische Hierarchie. Das hörte sich anders an: Das war mutige und neue Arbeitsorganisation, die trauten sich was in Wiesbaden! Die Themen Empowerment und New Work schienen dort eine Heimat in der Praxis gefunden zu haben und die Digitalisierung von HR wurde konsequent vorangetrieben. Wir sprachen lange und verabredeten uns zu einem Treffen in ihrer Firmenzentrale in Wiesbaden.

Ich legte auf und stellte das Radio an. Tim Bendzko sang: »Noch 148 Mails checken. Wer weiß was mir dann noch passiert, denn es passiert so viel …« So richtig viel passierte damals nicht in meinem Leben (die Kinder waren noch nicht geboren), und so konnte ich es mir zeitlich leisten, zwei Wochen später nach Wiesbaden zu fahren. Ich stieg mit Neugierde, aber auch mit Zweifeln in den Zug. Hatte dieser Raphael Hythlodeus mir die Wahrheit erzählt? Konnte dieses Unternehmen wirklich nach diesen Prinzipien, die er Axiome nannte, funktionieren?

In Wiesbaden lernte ich Alia und Jessica Stärkande kennen, die Gründerinnen des Unternehmens. Ich schaute mich bei Stärkande um, sprach mit anderen Stärkanderinnen über ihre Axiome. Ich fragte mich, warum nicht auch andere Unternehmen ihre Arbeitsprinzipien transparent machen und aktiv bearbeiten? Auch nahm ich wahr, dass das Unternehmen eine größere Krise hinter sich hatte. Nicht alles schien in diesem Unternehmen glattgelaufen zu sein. Ich nahm an einem Treffen teil, was sie Boule-Meeting nannten. Über die seltsamen Begriffe, die mir begegneten, war ich amüsiert, auch ein wenig irritiert, aber das Unternehmen war anders und spannend. Nach einer Nacht in der Pension Tannenhof fuhr ich als erster wissenschaftlichen Beirat von Stärkande zurück nach Berlin.

Seitdem hat mich dieses Unternehmen nicht mehr losgelassen. Es hat mich Kraft gekostet. Es hat mir Kraft gegeben. Aber vor allem hat es mir Unmengen an Erkenntnissen über Menschen und die Themen New Work, Empowerment und digitales HR geschenkt. Diese möchte ich mit Ihnen teilen. Stärkande hat mir erlaubt, Ihnen aus dem Unternehmen zu berichten. Diese Chance möchte ich nutzen, um Sie neugierig auf andere Wege der Arbeitsorganisation und Zusammenarbeit zu machen, die digital unterstützt werden. Damit sie die Axiome, d. h. die Arbeitsprinzipien von Stärkande besser verstehen, lassen Sie mich Ihnen zunächst das Unternehmen und seine Produkte sowie die Gründerinnen vorstellen.

Eine kurze Geschichte von Stärkande und seinen Gründerinnen

Stärkande wurde 1999 von den beiden Schwestern Jessica und Alia Stärkande gegründet. Für das Buchprojekt hatte ich um ein Foto der beiden gebeten, doch dieser Wunsch wurde mir nicht erfüllt. Alia und Jessica meinten, dass die Hauptfigur des Buches das Unternehmen sein sollte und nicht die Gründerinnen. »Stärkande ist der Held dieser Geschichte, nicht wir«, meinte Jessica. Die Schwestern wollen, dass das Unternehmen Stärkande als etwas Eigenständiges betrachtet wird. Sie selbst sehen sich als Teil eines Kollektivs, das seinen Weg gemeinsam bestreitet.

Dennoch haben die Schwestern das Unternehmen geprägt, und deshalb möchte ich die beiden etwas ausführlicher vorstellen. Alia und Jessica studierten beide an der Fachhochschule Wiesbaden und hatten ihre Freunde in der Stadt. Ihre Eltern und die Schreinerei des Vaters im Taunus waren in einer halben Stunde zu erreichen. Familie und Freunde waren und sind den Schwestern wichtig, und so wurde Stärkande in Wiesbaden gegründet. Wiesbaden ist die Landeshauptstadt von Hessen und hat eine Spielbank (mehr Aufregung verträgt die Stadt nicht). Der größte Arbeitgeber ist der öffentliche Dienst und selbst das benachbarte Mainz hat für junge Menschen, Fernsehsender und Fußballspieler mehr Anziehungskraft. Doch genau die Ruhe, die am Ende der Neunzigerjahre in Wiesbaden herrschte, tat der Entwicklung des Unternehmens gut. Die Schwestern konnten sich konzentrieren und waren in Wiesbaden schnell bekannt. Es gab keine andere IT-Firma, die von Frauen gegründet worden war, und das machte einige Kapitalgeberinnen neugierig.

Abb. 1: Logo und Markenkern von Stärkande

Spricht man mit Raphael über die Schwestern, dann leuchten auch zwanzig Jahre nach der ersten Begegnung seine blaugrauen Augen. Sein Plan war es, drei oder vier Jahre als Personaler für Stärkande zu arbeiten und dann weiterzuziehen. Doch bereits im Auswahlgespräch begegnete er am Anfang der 2000er-Jahre einer neuartigen Arbeitswelt. Während des Gesprächs schnarchte eine Bordeauxdogge unter dem Tisch, erzählte mir Raphael. Ein Bürohund war damals in Wiesbaden eine Sensation. Doch nicht nur die Dogge war anders und entspannt, meinte Raphael. Alle in diesem Raum waren freundlich und gelassen. Gleichzeitig konnte Raphael spüren, dass sich die Schwestern eine Struktur und einen Plan für das Gespräch überlegt hatten. Das Gespräch plätscherte nicht. Es hatte eine klare Zielsetzung, aber die Fragen und Inhalte waren anders, als Raphael es erwartet hatte. Er wurde nicht gefragt, was seine drei größten Stärken oder Schwächen seien. Es wurde nicht gefragt, warum er seinen alten Arbeitgeber verlassen will. Niemand wollte wissen, welches Gehalt er sich vorstellte und welche Hobbys er betrieb. Auf all diese Fragen hatte er sich penibel vorbereitet und Antworten auswendig gelernt.

Jessica fragte ihn, ob er das Empowerment-Konzept von Gretchen Spreitzer kenne. Er kannte es nicht und hatte das Gefühl, dass er das frei und ohne Scham sagen konnte. Alia erklärte es ihm und fragte Raphael, wann er sich in seinem alten Job das letzte Mal empowert gefühlt habe. Sie diskutierten lange darüber, was er als Personaler bei Stärkande tun könnte, damit die Mitarbeitenden mehr Empowerment wahrnehmen würden: Wie können Mitarbeitende täglich in ihrem Beruf Kompetenz, Selbstbestimmung, Einfluss und Bedeutsamkeit erleben? Wie kann man das zusätzlich auf der Teamebene gewährleisten? – Raphael musste nachdenken und zwischendurch pupste die Dogge im Schlaf (das tat die Dogge auch noch, als ich viele Jahre später Beirat wurde). Die Gedanken flogen und kamen wieder zu konkreten Maßnahmen zurück. Wie kann man Führung und Gehälter empowernd gestalten? Wie kann man die Digitalisierung für gutes Personalmanagement nutzen? Das Gespräch war locker, aber gleichzeitig strukturiert. Viele der besprochenen Ideen setzten Alia, Jessica und Raphael in den nächsten Jahren gemeinsam um.

Raphael begriff, dass das Unternehmen zwei Jahre nach der Gründung am Anfang einer ungewöhnlichen Reise stand und dafür einen hauptberuflichen Personalexperten benötigte. Die Schwestern erkannten, dass Raphael der richtige Partner für diese Reise sein könnte. Er war offen für neue HR-Ideen und produzierte auch welche. Diese Ideen brauchten die Schwestern, denn sie beabsichtigten, zu einem frühen Zeitpunkt in das Thema Personal und Zusammenarbeit zu investieren. Andere

Start-ups wollen in der Anfangsphase möglichst schlank sein und machen sich mehr über den Vertrieb als über Personal- und Organisationsthemen Gedanken. Diesen Fehler wollten die Schwestern nicht begehen. Vielleicht spürten sie aber auch schon zu diesem Zeitpunkt, dass dem Unternehmen eine organisationspsychologische Krise bevorstehen würde.

An dieser Stelle will ich Ihnen noch etwas mehr über Jessica und Alia berichten und zwar aus meinen eigenen Beobachtungen. Die beiden Schwestern haben Stärkande nicht allein großgezogen, aber sie haben das Unternehmen geboren. Jessica Stärkande, die ältere Schwester, ist Informatikerin; Alia hat Betriebswirtschaftslehre mit einem Schwerpunkt in Personalwesen studiert. Jessica, die Informatikerin, ist die extravertierte Schwester. Ihr fällt es leicht, mit Menschen Kontakt aufzunehmen, und vor allem sucht sie den Kontakt zu Menschen. Jessica braucht Menschen, sie will sozial sein, und so lebt sie schon seit Mitte der 2000er-Jahre mit ihrer Familie und Freunden auf einem Dreiseitenhof. Interessant ist, wie sie zur Informatik gekommen ist. Jessica spielte gerne Computerspiele. Aber sie war auch frustriert über viele Spiele auf ihrem C64. Sie hatte keine Lust auf Spiele wie Turrican, Katakis oder Barbarian, die von Männern für Jungs programmiert worden waren. Sie und ihre Freundinnen wollten Spiele spielen, die sie intellektuell herausforderten, ohne dabei jemanden umzubringen. Eine der Freundinnen musste programmieren lernen, und diesen Job übernahm Jessica (zuerst mit einem Volkshochschulkurs). Ein Adventure-Game für Mädchen wurde geplant, doch das Projekt scheiterte kolossal. Die Mädchen hatten sich übernommen – aber Jessica hatte programmieren gelernt.

Alia Stärkande ist die jüngere Schwester. Beide Schwestern verbindet ihre Intelligenz und Neugier, aber Alia funktioniert in sozialen Situationen anders: Sie sucht weniger das Gespräch, sondern findet es. Alia wohnt mit ihrer Frau in einer Wiesbadener Stadtwohnung. Alia ist tiefgründig, man kann sich stundenlang mit ihr über das Wesen des Menschen unterhalten. Kolleginnen fühlen sich von ihr verstanden und wertgeschätzt, aber sie braucht nicht die große Bühne. Vorträge hält Jessica; bei einem Pitch lässt Alia ihrer Schwester den Vortritt. Alia liest viel; die Stärkanderinnen können sie häufig in der offenen Bürofläche beim Lesen beobachten. Ihre Lieblingsbücher stammen aus der Psychologie und der alten Geschichte (und ein bisschen Philosophie ist auch dabei). Diese Leidenschaft für alte Geschichte wird sich Ihnen, liebe Leserinnen, in manchen Begriffen wie »Axiom« oder »Phylarchin« zeigen. Wahrscheinlich werden Sie die Begriffe sogar nerven. Aber das geschieht in Unternehmen häufig. Organisationen erfinden sich in ihrer Kulturentwicklung eine eigene Sprache. Ich habe Ihnen deswegen ein Glossar an das Ende des Buches gestellt.

Vielleicht ist es für das Verständnis der Stärkande-Schwestern noch wichtig, dass ich folgendes erwähne: Sie stammen aus einem gut situierten, aber nicht aus einem Akademikerhaushalt. Karl Stärkande führte die elterliche Schreinerei weiter und machte sie zu einem der größten Betriebe in dem 3000-Seelen-Ort, aus dem die Stärkandes stammen. Die Familie besitzt eine praktische Intellektualität: mehr FH als Uni. Alia legte ihren Studienschwerpunkt auf das Personalwesen an der FH Wiesbaden. Das war eine wichtige Voraussetzung für die Zusammenarbeit mit Jessica und die Gründung des Unternehmens. In ihrem Studium lernte Alia die Grundsätze des unternehmerischen Handelns, die jede Gründerin braucht, um durch die ersten Jahre zu kommen.

Auch wenn die Stärkande-Schwester sich in manchen Charakterzügen unterscheiden, haben sie auch viele Gemeinsamkeiten. Die Intelligenz und die Neugier habe ich bereits erwähnt. Alia und Jessica haben hungrige Gehirne: Sie wollen immerfort Wissen und Lernen und das merkt man auch daran, wie sie ihr Unternehmen organisiert haben. Davon werde ich Ihnen noch weiter unten ausführlich berichten. Was sie außerdem verbindet, sind ihre Kreativität, ihr Mut und ihr Unternehmertum. Ich habe nie wieder Menschen getroffen, die so gerne Unternehmerinnen sind. Dabei sind sie risikobereit. Die Schwestern investieren und ihre Investitionen zahlen sich auch manchmal aus. Das Ziel der beiden war immer, einen Überschuss an Ideen zu produzieren, die sich dann in der Umwelt beweisen müssen. Sie spielen immer mit mehreren Karten. Alia und Jessica wollen Neues schaffen und damit Geld verdienen. Ich habe die beiden nie in einer Situation erlebt, in der sie sich dafür schämten, dass sie mit einem Produkt Geld verdienen wollen. Bei Stärkande muss beides stimmen: der Deckungsbeitrag eines Produkts und der Beitrag zum psychologischen Empowerment. Die Stärkanderinnen nennen das den »Powerbeitrag«. Diesen Geist werden sie in vielen der Arbeitsprinzipien spüren, die ich Ihnen vorstelle. Und dann möchte ich eine letzte Gemeinsamkeit nicht unerwähnt lassen: Alia und Jessica sind Mütter und sie sind es gerne. Alia hat zwei Töchter und Jessica einen Jungen. Ihre Erfahrungen als Eltern haben die beiden geprägt und sie sind in die Organisation des Unternehmens eingeflossen.

Das sind die Stärkande-Schwestern: Mütter, schlau, mutig, empathisch und unternehmerisch. Jetzt wollen Sie sicher wissen, was die Stärkanderinnen im Alltag beschäftigt und wie das Unternehmen Geld verdient. Diese elementaren Fragen werde ich Ihnen auf den nächsten Seiten erläutern.

Die Geschäftsfelder von Stärkande

Stärkande hat 1.160 Mitarbeitende, so der letzte mir mitgeteilte Stand. Das Unternehmen hat dadurch viele Gesichter. Diese arbeiten in vier Geschäftsfeldern: Software for HR, Office Design/Schreinerei, Organizational Consulting und CoCreate – Onlinecoaching.

Abb. 2: Die vier Geschäftsfelder von Stärkande

Diese Geschäftsfelder sind keine klassischen Geschäftsbereiche, Abteilungen oder gar Profitcenter. Stärkande ist anders als ein klassisches Unternehmen organisiert: Das Unternehmen arbeitet in sogenannten Phylen, die ich Ihnen weiter unten erläutere (siehe Axiom 9). Stellen Sie sich die folgenden Cluster also eher als die Themen- oder Produktbereiche vor, an denen die Stärkanderinnen arbeiten und mit denen sie Geld verdienen. Letzteres ist wichtig: Die Stärkanderinnen setzen sich für New Work und Empowerment ein; sie kommen aber nicht primär am Arbeitsplatz zusammen, um New Work zu betreiben, sondern um Geld zu verdienen (siehe auch Axiom 1).

Software for HR

Nukleus und Beginn der Erfolgsgeschichte von Stärkande war die Entwicklung von Softwareprodukten, die vor allem im Personalbereich zur Anwendung kommen. Für viele Menschen ist es kaum noch vorstellbar, wie wenig digitalisiert das Arbeitsleben am Anfang der 2000er-Jahre war. Computer waren Schreibmaschinen und fast alle Personalprozesse wurden noch »händisch« durchgeführt. Wenn digitale Hilfsmittel eingesetzt wurden, dann funktionierten diese nicht gut und die Menschen fühlten sich bei der Bedienung hilflos.

Schon während ihres Studiums entwickelten die Schwestern eine Software, mit der Urlaubstage und Dienstreisen softwarebasiert eingereicht, verwaltet und abgearbeitet werden konnten. Das war damals eine Revolution! Jessica hatte ein Praktikum in einem Softwareunternehmen gemacht und war irritiert, dass selbst in der IT-Avantgarde Urlaubsanträge umständlich ausgedruckt, per Hand ausgefüllt und dann von einer Sachbearbeiterin wieder in eine Excel-Datei zurückdigitalisiert werden mussten. Eine absurde Vorstellung, aber so war das vor 20 Jahren! Anders als bei der Entwicklung des Adventure-Games für den C64 machten die Konzeption und Programmierung des Produktes den Schwestern nicht nur Spaß, sondern die Software funktionierte auch. Sie lief, und vor allem war sie so nutzerfreundlich, dass die Anwenderinnen gern mit ihr arbeiteten. Danach folgten Softwareprodukte zur vereinfachten Verwaltung von hohen Bewerberinnenanzahlen und für die Bewertung von Bewerberinnen in Auswahlprozessen. Mit dem Stärkande-Check können Anforderungsanalysen sowie im Anschluss Auswahlgespräche und Assessment-Center strukturiert und treffsicherer durchgeführt werden.

Mit vielen Softwarelösungen hat Stärkande die Personalsachverwaltung verändert. Gleichzeitig wird aber Stärkande immer wieder vorgeworfen, dass es mit seinen Produkten vor allem die Ebene der Sachbearbeitenden im Personalbereich arbeitslos gemacht habe. Heute verdient Stärkande neben den Standardprodukten im Softwarebereich Geld mit Teamkollaborationslösungen. Hier haben sich insbesondere seit Beginn der Covid-19-Pandemie immense Geschäftsfelder aufgetan. Softwarelösungen wie Rolemapp, Skillmapp und Teamorg (siehe Axiom 7), die für den Eigengebrauch entwickelt wurden, sind mittlerweile Verkaufsschlager.

Office Design

Karl Stärkande, der Vater von Alia und Jessica, führte bis 2004 die heimische Schreinerei und ein Sägewerk. Schon vor ihm hatten drei Generationen das Familienunternehmen geleitet. Gegründet worden war es von Gustav Stärkande, dessen Foto bei den Stärkanders über der Bank im Esszimmer hing. Als die Schwestern noch jünger waren, blickten sie bei jeder Mahlzeit auf ihre Eltern auf der Bank und darüber auf Gustav Stärkande. Gustav versteckte auf der alten Fotografie seine rechte Hand hinter dem Rücken, weil er drei Finger bei einem Arbeitsunfall verloren hatte (bei Karl Stärkande waren es nur zwei Fingerkuppen).

Über 80 Mitarbeitende sägten und schreinerten für Karl Stärkande im Taunus. Viele Menschen im Dorf verbrachten ihr ganzes Arbeitsleben im Unternehmen der Stärkanders. Karl Stärkande sponsorte den heimischen Fußballverein und sorgte dafür, dass der Club sich in der Verbandsliga halten konnte. 1994 geriet das Unternehmen in die Krise. Karl Stärkande hatte mehrere Spieler aus Litauen verpflichtet und diese zum Schein in seinem Unternehmen angestellt. Sowohl das Finanzamt als auch der Betriebsrat waren davon nicht begeistert. Die Lokalpresse berichtete ausgiebig über die Spielerposse. Mitarbeitende kündigten. Alia und Jessica war das Verhalten ihres fußball- und statusverrückten Vaters peinlich. Die Lage beruhigte sich erst wieder, als Karl Stärkande vom Vorsitz des Vereins zurücktrat. Im Jahr 2004 starb er an Lungenkrebs.

Die Töchter, die damals schon fünf Jahre erfolgreiche Softwareunternehmerinnen waren, führten lange Diskussionen untereinander und mit der Mutter, wie es mit dem Betrieb des Vaters weitergehen könnte. Der eine Teil, das Sägewerk, wurde im Jahr

2005 an einen alten Konkurrenten verkauft. Über die Schreinerei jedoch dachten die Schwestern länger nach und stellten sich die Frage, ob man mit Möbeln Menschen empowern könne, denn schließlich ist »empowering people« der Markenkern von Stärkande. Ihre Antwort: Das ist möglich. Die Schreinerei wurde in das Unternehmen der Schwestern integriert, aber neu ausgerichtet. Seit 2005 werden hochwertige und individuelle Büromöbel von den Stärkanderinnen produziert. Eine Besonderheit der Möbel ist ihre Flexibilität. Möbel von Stärkande sind so gestaltet und gefertigt, dass sie bewegt und einige auch verändert werden können. Sie sollen sich an den Arbeitsort und die Arbeitsbedürfnisse der Menschen anpassen und ihnen helfen, gut und gesund zu arbeiten.

Darüber hinaus produziert Stärkande weitere innovative Produkte, die aus hochwertigem Holz hergestellt werden und die auf die Innovationskraft einzelner Mitarbeitenden zurückgehen. Seit 2017 werden z. B. Skateboards und Surfboards aus nachhaltigen Bambushölzern gefertigt. Und auch das funktioniert: Die Menschen, die in einem teuren Stärkande-Stuhl sitzen, kaufen sich tatsächlich auch ein Snowboard von Stärkande. Zu diesem Produktbereich gehört auch eine kleine Schlosserei, die metallene Untergestelle für Stühle und Tische produziert. Auch die Polsterungen werden bei Stärkande selbst gefertigt und nicht ausgelagert. Alle Mitarbeitenden der väterlichen Schreinerei konnten auf diese Weise übernommen werden. Doch mussten viele Kolleginnen neue Fertigkeiten in ihrem Handwerk lernen. Neu lernen mussten sie aber auch die Art und Weise, wie die Schreinerei ohne einen Patriarchen und mit einer sogenannten »Holohier« arbeitet (siehe Axiom 9). Denn die Schreinerei wurde zu einer eigenen Phyle im Organisationssystem von Stärkande. Neben den 90 Mitarbeitenden in der Produktion arbeiten heute 30 Innenarchitektinnen und Möbeldesignerinnen für Stärkande. Sie entwerfen neue Möbel und individuelle Bürowelten für ihre Kundinnen.

Organizational Consulting

Durch den engen Kontakt mit Personalabteilungen bei der Implementierung von Softwarelösungen und durch die eigenen Herausforderungen bei der Integration der väterlichen Schreinerei in das Unternehmen erkannten Alia und Jessica, dass Dienstleistungen im Bereich Organisationsberatung eine sinnvolle Ergänzung ihres Portfolios sein könnten. Das Netzwerk von Stärkande im Personalwesen war und ist stark, im Jahr 2010 wurde der Unternehmenszweig Stärkande-Organisationsberatung gegründet. Bei diesem Schritt ging das Unternehmen nicht zimperlich vor. Ursprünglich wollten die Schwestern den neuen Unternehmensbereich langsam und organisch wachsen lassen, denn das entspricht dem zweiten Axiom vom Stärkande. Ein Projekt sollte zum nächsten führen, ein Projekt das Personal des nächsten finanzieren.

Doch die Boule war gegen diesen langsamen Aufbau (siehe Axiom 9 zur Erläuterung der Boule) und überstimmte die Schwestern. Überraschenderweise forderten vor allem die Vertreterinnen der Kolleginnen aus der Schreinerei einen radikaleren Aufbau. Möglicherweise waren hier die Erfahrungen aus der bereits gelungenen Transformation der Möbelsparte entscheidend. Auch die Vertreterinnen des Softwarebereichs schlossen sich der Meinung an, dass man auf dem Markt sofort größer auftreten und dafür Personal bei der Konkurrenz abwerben müsse. Also wurden gezielt Beraterinnen aus bekannten Beratungshäusern angesprochen – allerdings ohne dafür einen Headhunter zu engagieren. Stattdessen wurden Empfehlungen aus den Personalabteilungen der Kundinnen eingeholt. Anschließend machten sich die Schwestern zusammen mit Raphael und Kolleginnen aus der Schreinerei und dem Softwarebereich auf den Weg zu den Kandidatinnen.

Stärkande musste keiner Organisationsberaterin vorgestellt werden. Die Arbeitgebermarke war damals schon sehr bekannt. Höhere Gehaltsansprüche war das Unternehmen durch seine Softwaremitarbeitenden gewöhnt, aber das New Pay (siehe Axiom 15) war für viele Beraterinnen interessant. Die neuen Kolleginnen wurden aber nicht nur durch das New Pay bei Stärkande, sondern vor allem durch die Organisationskultur, die zeitsparende Digitalisierung von Arbeitsprozessen und die Vision für die Organisationsberatung überzeugt. Und diese Organisationskultur war auch sofort in den Gesprächen für die Beraterinnen erlebbar, denn in den Gesprächen saßen nicht nur Alia, Jessica oder Raphael, sondern auch eine Handwerkerin aus der Schreinerei. Eine Schreinerin unterhielt sich mit einer Beraterin über die Transformation von Unternehmen. Das hinterließ Eindruck, und zwar nachhaltig.

In der Unternehmensberaterbranche hat sich Stärkande damals in zweifacher Hinsicht unbeliebt gemacht. Zum einen wurden Beraterinnen mit ihren Netzwerken und Projekten abgeworben. Darüber hinaus war es vor allem schmerzhaft für die Konkurrenz, dass besonders leistungsstarke Beraterinnen zu Stärkande wechselten.

Das führte bei manchen Unternehmen zu Umsatzverlusten. Vor allem die Harkonnen, eine große Unternehmensberatung aus Hamburg, hatten schwer mit der neuen Konkurrenz zu kämpfen. Deren Inhaber Wladimir Harkonnen verabscheut die Stärkanderinnen noch heute.

Die folgenschwerere Konsequenz bestand aber darin, dass Stärkande zu einem Symbol wurde. Ein Symbol dafür, dass eine erfolgreiche und umsatzstarke Beratung auch ohne eine aggressive Kultur der Junior- oder Seniorberaterinnen sowie Partnerinnen funktionieren kann. Stärkande ist der Beweis, dass, wenn man gute Leute gut behandelt und empowert, gute Profite auch mit normalen Arbeitszeiten möglich sind. Als sich das in der Branche herumsprach, löste das erheblichen Veränderungsdruck aus. Viele junge Kolleginnen zeigten kein Interesse mehr an einer Karriere bei den Harkonnen, die auf Selbstausbeutung setzt und langfristig vielleicht einen Job als Partnerin einbringt. Zusätzlich merkten die Kolleginnen, dass sie bei den Stärkanderinnen mehr lernen können als bei den Harkonnen.

Doch auch die Kundinnen von Stärkande mussten sich an eine Veränderung gewöhnen. Die Stärkanderinnen rechnen ihre Beratungsleistungen nicht in Tagessätzen ab. Stattdessen berechnen sie den Kundinnen, wie viel ihnen die Lösung eines Problems wert ist. Im alten System versuchen Beraterinnen den Kundinnen möglichst viel Zeit gegen Geld zu verkaufen. Das verführt dazu, besonders viel Zeit zu verkaufen und besonders viel zu arbeiten, obwohl vielleicht der Einsatz von so viel Zeit und Kraft sinnlos ist. Doch nur so lohnt und skaliert sich das Beratungsgeschäft in der klassischen Konzeption. Anders bei den Stärkanderinnen: Gemeinsam mit der Kundin legen sie fest, was das Problem ist und wie viel die Lösung des Problems kosten darf. Dann werden Kriterien festgelegt, an denen festgestellt werden kann, dass das Problem gelöst ist. Nach der Zusammenarbeit wird der Problemlösegrad in Rechnung gestellt. Und da die Stärkanderinnen so gut und innovativ bei der Lösung von Problemen sind, liegt der Deckungsbeitrag für die Beratungsprojekte um ein Vielfaches höher als bei klassischen Beratungsunternehmen.

Wichtiger ist eine andere positive Wirkung: Die Kundin und auch Stärkande machen sich am Anfang des Projekts viel intensiver Gedanken, was das Problem und der Beratungsanlass sind. Und manchmal kommen die Kundinnen und die Stärkanderinnen zu der Erkenntnis, dass das, was wie ein Problem aussieht, gar kein Problem ist. Und auch für diese Erkenntnis, die viel Geld und Mühen spart, stellen die Stärkanderinnen eine Rechnung.

CoCreate – Onlinecoaching

Alia und Jessica waren daran interessiert, dass die Phylen eng miteinander kooperieren. Die Onlinecoaching-Plattform CoCreate ist die vielleicht erfolgreichste Entwicklung, die aus der phylen-übergreifenden Zusammenarbeit von Stärkanderinnen mit unterschiedlichem Hintergrund resultierte. Hier haben Organisationsberaterinnen zusammen mit Softwaremitarbeitenden eine Plattform entwickelt, über die Klientinnen mit Coaches zusammenarbeiten können. CoCreate stellt eine Software zur Verfügung, mit der Onlinecoachings unter hohen Datenschutzvoraussetzungen durchgeführt werden können. CoCreate hat einen Pool von über 2.000 internationalen Coaches, die auf selbstständiger Basis für Stärkande arbeiten. Bei der Auswahl der Coaches arbeitet Stärkande mit einem der großen Coaching-Verbände auf der Welt zusammen und prüft umfassende Qualitätskriterien bei der Auswahl. CoCreate matcht mithilfe künstlicher Intelligenz Coaches und Klientinnen und begleitet sie während des Coaching-Prozesses.

In der Software finden sich Unmengen an Übungen und weiteres Material, um ein Onlinecoaching erfolgreich durchführen zu können; die Software kann hunderte von Coachings parallel durchführen. Dadurch ist CoCreate vor allem für größere Unternehmen interessant. Mittlerweile ist Stärkande in diesem Bereich in 44 Ländern aktiv und in 20 Ländern Marktführer für Onlinecoaching.

Teil II

Zwei Frauen aus dem Taunus, die aus einer Schreinereifamilie stammen, gründen Ende der Neunzigerjahre ein Unternehmen in Wiesbaden. Heute erwirtschaftet das Unternehmen mit mehr als 1.000 Mitarbeitenden einen starken dreistelligen Millionenbetrag an Umsatz. Wie war das möglich? Und wie hat es Stärkande geschafft, dass es heute als die New-Work-Organisation schlechthin gilt? – Dafür gibt es viele Gründe und zwei Gründerinnen. Klar haben Jessica und Alia das Fundament gelegt. Aber viele haben mitgewirkt und Stärkande zu dem gemacht, was das Unternehmen ist und in der Zukunft sein wird.

Der Kern des Erfolgs liegt in den Axiomen begründet, die die Zusammenarbeit der 1.160 Stärkanderinnen leiten und deren wichtigste ich Ihnen im Folgenden vorstellen möchte. Bei den Axiomen handelt es sich um elementare Grundsätze der Zusammenarbeit, die sich erprobt haben. Sie sind, das ist wichtig, keine Regeln, sondern eher Prinzipien. Regeln sind kleinteilige Vorschriften (z. B. Verkehrsregeln oder Spielregeln), deren Einhaltung überprüft wird und bei denen die Missachtung zumeist sanktioniert wird. Axiome sind viel globaler ausgerichtet. Sie schaffen wie ein Leuchtturm Orientierung im manchmal rauen New-Work-Ozean und fassen eine erfolgreiche Bewältigung eines Problems bei den Stärkanderinnen zusammen. Denn die Axiome sind den Stärkanderinnen nicht in den Schoß gefallen. Die große Krise, die die Stärkanderinnen im Jahr 2002 zu bewältigen hatten, gab den Anstoß, die Axiome proaktiv zu bearbeiten. Die Stärkanderinnen mussten sie sich hart erarbeiten und jedes einzelne in ihrer Gemeinschaft aushandeln. Ein Axiom führte zum nächsten und manche Axiome sind auch längst wieder abgeschafft worden. Denn die Organisationsentwicklung bei Stärkande ist nicht abgeschlossen und wird es niemals sein. In der Zukunft können auch neue Axiome dazukommen, schließlich ist Stärkande ein lebendiger Organismus, der sich immer wieder neu an eine sich stetig verändernde Umwelt anpasst und anpassen muss.

Dementsprechend stelle ich Ihnen eine Momentaufnahme vor. Ich habe mich für die Vorstellung von 22 Axiomen entschieden und diese Auswahl mit Jessica, Alia und Raphael abgestimmt. Einzeln bewiesen werden können die Axiome nicht. Sie offenbaren ihre Logik im Zusammenspiel miteinander und sind für die Zusammenarbeit von Stärkande in seinem Ökosystem nützlich. Ob sie auch für andere Unternehmen gelten, kann ich Ihnen nicht mit Sicherheit sagen. Für Ihr Unternehmen müssten Sie zuerst einmal prüfen, welche Prinzipien dort die Arbeit leiten. Zwar hat jedes Unternehmen Axiome, doch sind sie selten so transparent wie bei den Stärkanderinnen. Lassen Sie mich Ihnen deshalb nun die Axiome, d. h. die »soziale DNA« von Stärkande vorstellen.

Axiom Nr. 1: New Work dient Stärkande – nicht Stärkande New Work

Dieses Axiom habe ich an die erste Stelle gesetzt. Ist es deshalb das wichtigste? Vielleicht. Es scheint mir die Grundlage dafür, dass sich New Work bei Stärkande so erfolgreich und nachhaltig etablieren konnte. Und es könnte die Ursache dafür sein, dass der Begriff New Work seit 15 Jahren positive Assoziationen in der Mitarbeiterschaft produziert.

Die Stärkanderinnen machen sich viele Gedanken darüber, wie sich ihre Zusammenarbeit organisieren lässt. Das kann ich aus meiner Arbeit als wissenschaftlicher Beirat bestätigen. Doch betrachten sie die Organisation von Arbeit nicht als Selbstzweck. Arbeit wird nicht so organisiert, dass sie irgendeiner Ideologie gerecht wird. New Work wird nicht so praktiziert, dass sie einem Trend entspricht, den irgendeine New-Work-Beraterin in einer Zoom-Konferenz aufgeschnappt hat. Arbeit wird bei Stärkande so gestaltet, dass sie zum wirtschaftlichen Erfolg von Stärkande beiträgt und den Mitarbeitenden ein gutes Leben ermöglicht (siehe Axiom 4).

Und die Arbeitsorganisation darf der Arbeit kein Bein stellen. Spotify, Zappos, Partake …, was für hochkomplexe Organisationssysteme haben sich Unternehmen gemeinsam mit hochbezahlten Organisationsberaterinnen erdacht. Doch ist die Zusammenarbeit so komplex in diesen Unternehmen, dass kaum noch Zeit für die Produktion und die Produktentwicklung übrig bleibt. Das System überfordert das System. Das System überfordert die Menschen.

Nicht so bei Stärkande. Hier müssen der Arbeitsalltag und das soziale System verständlich sein. Deswegen gilt bei Stärkande folgende Regel: Kann ein New-Work-Element einem neuen Mitarbeitenden nicht innerhalb kurzer Zeit so erklärt werden, dass er oder sie es versteht, dann muss es überarbeitet oder verworfen werden. Die Mitarbeitenden sollen durch New Work entlastet und nicht belastet werden. New Work muss den Stärkanderinnen dienen und nicht die Stärkanderinnen New Work. Und das gilt fortwährend.

Axiom Nr. 2: Stärkande ist ein lebendiges System und keine Maschine

Stärkande besteht aus 1.160 Menschen. Das sind 1.160 lebendige Individuen, die atmen, essen und trinken müssen. 1.160 Persönlichkeiten mit unterschiedlichen Bedürfnissen sowie verschiedenen Lebenssituationen und Biographien. Stärkande ist ein lebendiges System und keine Maschine. Denn wie sollten auch 1.160 Lebewesen plötzlich zu einer Maschine werden?

In der Betriebswirtschaftslehre wird dagegen immer noch direkt oder indirekt die Maschinenmetapher gelehrt, die Mehrheit der Geschäftsführerinnen in Deutschland ist diese Perspektive bis heute nicht losgeworden. In der Maschinenperspektive wird der Mensch auf ein Zahnrad in einem starren und vor allem geschlossen System reduziert. Ein System, in dem ein Mensch für acht Stunden am Tag in eine Box eines Organigramms eingesperrt wird. In der Maschinenperspektive wird die Trennung von gut ausgebildeten Denkerinnen und ausführenden Subjekten propagiert; weiterhin die ingenieurmäßige Optimierung der Arbeitszeiten und Arbeitsprozesse, die Anpassung von Menschen an Maschinen und Computer, strenge Hierarchien und feingliedriges Mikromanagement mit Kontrolle sowie Befehl und Gehorsam. All diese Symptome eines maschinellen Verständnisses von Menschen und der Zusammenarbeit von Menschen sind den Stärkanderinnen fremd. Menschen sind hier Individuen; Menschen bei Stärkande haben Bedürfnisse und eine Seele und sind keine Roboter, die skaliert werden können.

Stärkande ist ein lebendiges System. In Philosophie, Biologie oder Evolutionslehre bestehen viele Definitionen, was Leben bedeutet. Die Stärkanderinnen haben sich über die Jahre von vielen Ansätzen stimulieren lassen, doch auch eine eigene Interpretation gefunden. Leben steht für die Stärkanderinnen in Austausch und Wechselwirkung mit der Umwelt. Denn in einem Ökosystem gibt es keine starren Grenzen und Wände: Ein See geht in einen Schilfgürtel über, er hat keine festen Betonwände wie ein Pool. Der See wird vom Grundwasser gespeist oder von einem Fluss. Das kleine Ökosystem hat einen Platz in einem größeren. Solche natürlichen Wechselwirkungen sind den Stärkanderinnen bewusst, sie alle haben begriffen, dass sie nicht allein auf der Welt existieren und sie langfristig gemeinsam mit anderen einen nachhaltigen Platz im Ökosystem finden müssen.

Daraus folgt die wichtige Erkenntnis, dass es langfristig nicht nur den Stärkanderinnen gut gehen muss, sondern auch den vielen Menschen und Organisationen, mit denen Stärkande im Ökosystem zusammenlebt.[2] Doch diese Haltung hat noch eine weitere Konsequenz. Die Stärkanderinnen fühlen sich nicht nur dem sozialen Ökosystem verpflichtet, sondern auch dem biologischen. Ihnen ist es wichtig, nachhaltig zu handeln und einen Beitrag dazu zu leisten, dass die Klimakrise bewältigt werden kann. Dazu gehört auch, dass Stärkande seit 2019 CO_2-neutral arbeitet.

Stärkande besitzt als lebendiges System keine starren Grenzen. Das Unternehmen steht in einem Austausch mit der Umwelt und involviert häufig langfristig und manchmal temporär Menschen, die nicht bei Stärkande angestellt sind. Die Kundinnen sind bei Stärkande beispielsweise vom ersten bis zum letzten Tag Teil des Entwicklungsprozesses (siehe Axiom 17). Meine Kolleginnen und ich im wissenschaftlichen Beirat haben eine gewichtige Stimme bei der Personalauswahl und geben wissenschaftlichen Rat bei Innovationen. Für große aber auch kleinere Projekte bilden die Stärkanderinnen Netzwerke mit anderen Menschen oder Organisationen, die mehr Expertise haben oder andere Blickwinkel für die Lösung eines Problems besitzen. Diese Netzwerke lösen sich wieder auf, wenn die Arbeit getan ist.

In der Sprache der Biologie ist dies eine Art bewusstes Sterben, das viele Unternehmen nicht gelernt haben. Doch für Stärkande ist es sehr wichtig, denn Leben entwickelt sich, wächst und hat auch ein Ende. Bei Stärkande dürfen Projekte enden, damit neue Ideen zu Projekten werden können. Produkte dürfen eingestellt werden, wenn der Winter über sie hereingebrochen ist. Bei Stärkande darf beerdigt werden, was tot ist. Sterben gehört zu einem lebendigen System. Den Stärkanderinnen fällt es leicht, Projekte zu beerdigen, weil sie die Erfahrung gemacht haben, dass es für sie persönlich einen alternativen Platz im Ökosystem von Stärkande gibt. Niemand muss ein Projekt, einen Prozess oder ein Produkt künstlich am Leben erhalten, weil sie glaubt, ohne es seine Position oder seinen Status zu verlieren. Stärkanderinnen wissen, dass sich ihr lebendiges System verändert und entwickelt. Sie wissen und fühlen, dass das auch für sie persönlich bedeutet, dass sie sich verändern dürfen, können, aber auch müssen. Deswegen können die Stärkanderinnen regelmäßig Workshops durchführen, in denen sie Produkte identifizieren, die sterben dürfen. Die Sterbeworkshops sind genauso wichtig wie die Innovationsworkshops. Mittlerweile führen die Stärkanderinnen solche Workshops sogar bei ihren Kundinnen durch.

Und dann ist den Stärkanderinnen ein weiterer Punkt wichtig: Leben organisiert sich selbst. Lässt man einen See in Ruhe, dann entwickelt sich in der Regel ein stabiles System. Deswegen hat Empowerment und Selbstorganisation einen hohen Stellenwert bei Stärkande, was in vielen weiteren Axiomen wie etwa dem nächsten ersichtlich wird.[3]

Axiom Nr. 3: Psychologisches Empowerment als Ziel von New Work

Dieses Axiom hat mich mit Stärkande verbunden, es ist ein Grund, warum ich bereits so lange für Stärkande als Beirat tätig bin. Seit mehr als einem Jahrzehnt forsche ich zu diesem Thema und habe bisher noch kein Unternehmen kennengelernt, das so konsequent das Erleben von Empowerment in das Zentrum seiner Arbeitsorganisation stellt.

Empowerment kann aus zwei Blickwinkeln betrachtet und behandelt werden. Das strukturelle Empowerment legt den Schwerpunkt auf die Strukturen in Organisationen. Ziel ist es, dass die Strukturen demokratisiert werden. Zum Beispiel wird aus einer steilen Hierarchie eine flache Hierarchie oder im Extremfall sogar eine Holokratie gebildet. Aus »Boxen« werden »Kreise« und die Beraterinnen denken, dass ihre Arbeit getan sei, wenn das Organigramm anders aussieht. Der strukturelle Empowerment-Ansatz empowert die Strukturen einer Organisation, aber nicht unbedingt die Menschen, die in diesen Strukturen arbeiten. Macht und Entscheidungsbefugnisse werden von »oben« nach »unten« verteilt, egal ob die Menschen das überhaupt wollen.[4]

Viele Empowerment-Initiativen, die rein strukturell ausgerichtet sind, scheitern. Viele produzieren mehr Schaden für das Unternehmen und die Menschen, als dass sie Nutzen stiften. Manchmal entsteht sogar das Paradox, dass in strukturell empowerten Organisationen die Mitarbeitenden weniger Empowerment erleben als in einer herkömmlichen Hierarchie. Denn in flachen Hierarchien oder Holokratien müssen Mitarbeitende viel mehr Verantwortung und Aufgaben übernehmen, die früher ihre Führungskräfte übernommen haben (z. B. Konfliktschlichtung, Motivationsprozesse, Koordination, Feedback oder der Umgang mit schwierigen Teammitgliedern). Das kann zu Überforderung führen und den Alltag in einer Organisation extrem komplex machen. Auch tritt nicht selten das sogenannte Autonomieparadox auf. Ab einer gewissen Höhe der Autonomie kehren sich die positiven Wirkungen der Autonomie bei vielen Menschen in negative Konsequenzen um. Abhängig von den Kompetenzen und dem Autonomiebedürfnis wird die Autonomie am Arbeitsplatz dann als Stress auslösend erlebt. Das Hauptproblem des strukturellen Ansatzes ist somit, dass die Strukturen und nicht das Erleben der Menschen im Zentrum der Arbeit und der Zielsetzung stehen. Das ist beim psychologischen Empowerment-Ansatz anders.

Gretchen Spreitzer unterscheidet vier Dimensionen des psychologischen Empowerment-Erlebens:[5] Selbstbestimmung, Bedeutsamkeit, Einfluss und Kompetenz. Die vier Dimensionen ergeben zusammen das Gefühl von psychologischem Empowerment. Einigen von Ihnen sind die Dimensionen bereits bekannt, anderen vielleicht nicht. Deswegen erlaube ich mir, Ihnen die Dimensionen etwas ausführlicher vorzustellen. Sie sind sehr wichtig, um die Organisation von Arbeit bei Stärkande zu verstehen.

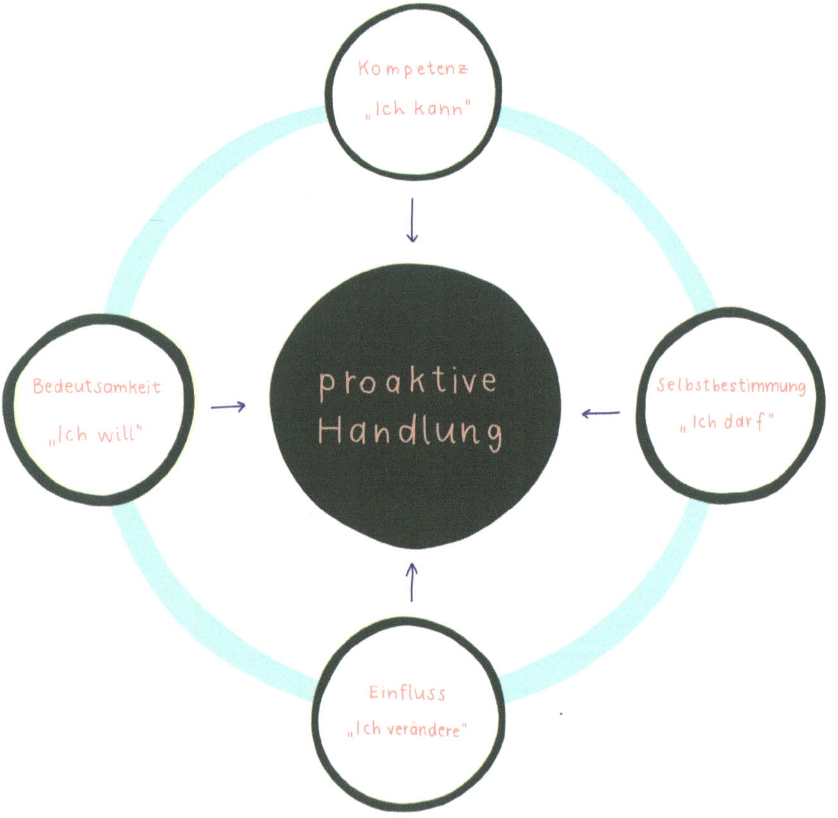

Abb. 3: Bestandteile und Wirkung von psychologischem Empowerment

Dimension 1: Selbstbestimmung

Unter Selbstbestimmung versteht man das Autonomiegefühl, das die Mitarbeitenden während der Arbeitszeit wahrnehmen. Haben die Mitarbeitenden das Gefühl, dass sie selbst entscheiden können, wie sie arbeiten? Können die Mitarbeitenden mitentscheiden, welche Arbeitsmittel und Werkzeuge sie benutzen? Ist es ihnen möglich, ihren Tagesablauf selbstbestimmt zu planen oder wird dieser von anderen festgelegt und kontrolliert (»Wo ist eigentlich Frau Müller? In ihrem Büro brennt kein Licht mehr«)? Haben die Mitarbeitenden Möglichkeiten, Einfluss darauf zu nehmen, wo sie arbeiten und mit wem sie zusammenarbeiten? All dies sind Facetten und Quellen des Selbstbestimmungserlebens. Häufig wird die Selbstbestimmung mit Empowerment gleichgesetzt, doch sie bildet nur eine Facette. Um sich empowert zu fühlen, muss noch mehr passieren.

Dimension 2: Bedeutsamkeit

Menschen müssen z. B. während der Arbeit Bedeutsamkeit erleben. Eine selbstbestimmte Tätigkeit wirkt nicht empowernd, wenn sie als sinnlos erlebt wird. Ein Stärkander, der als Wehrdienstleistender bei der Bundeswehr diente, erzählte mir dazu mal eine passende Geschichte. Marc Kohlhaas kam nach längerer Krankheit zurück in seinen Dienst als Transportsoldat. Er sollte aber auf ärztliches Anraten zunächst Innendienst verrichten. Aber mit einem Lkw kann man schlecht durch die Flure fahren. Sein Vorgesetzter musste dennoch eine Aufgabe finden, um den Mann zu beschäftigen. Der Oberfeldwebel kam auf die geniale Idee, dass Marc abgefahrene Reifen im Keller der Kaserne reinigen sollte. Also stieg Marc in das Reich des Dunklen und hatte durchaus starke Selbstbestimmung bei der Arbeit. Er konnte sich die Bürsten aussuchen und selbst entscheiden, wie er bei der Reinigung vorgeht. Sogar entwickelte sich dabei ein geringes Maß an Empowerment-Erleben. Doch das wurde am Abend atomisiert, als der spätere Stärkander sah, was mit den gereinigten Reifen geschah. Sie wurden in einem dreckigen Container entsorgt. Die Aufgabe war komplett sinnlos. Selbstbestimmung reicht also nicht aus, Arbeitsaufgaben müssen demnach auch als bedeutsam erlebt werden. Das war Marc Kohlhaas bei der Wahl seiner Arbeitgeberinnen seit diesem Erlebnis sehr wichtig.

Für ein hohes Bedeutsamkeitserleben muss man bei »Sinnen« sein, wenn man die Arbeiten ausführt. Das geschieht vor allem dann, wenn die für die Arbeit notwendigen

Werte mit den eigenen Werten korrespondieren, die »Arbeitswerte« also mit den persönlichen Werten zusammenpassen. Auch ist es hilfreich, wenn der Sinn auf verschiedenen Ebenen erlebt wird.[6] Die Arbeit ist dann nicht nur für die Arbeitgeberin wichtig, sondern wird auch für das persönliche Leben als wichtig erachtet. Die höchste Stufe des Bedeutsamkeitserlebens ist erreicht, wenn dazu auch noch das Gefühl kommt, dass die Arbeit wichtig für das Leben anderer Menschen ist. Dann hat die Arbeit einen höheren Zweck und wird als gesellschaftsdienlich empfunden.

Dimension 3: Einfluss

Die dritte Dimension von psychologischem Empowerment ist das Gefühl von Einfluss während der Arbeit. Man kann dazu auch Machterleben sagen. Einfluss erleben Menschen, wenn sie spüren, dass ihre Verhaltensweisen etwas in ihrer Umwelt bewirken. Zwischen Verhalten und Wirkung besteht ein Zusammenhang. Die Kollegin macht auf eine Schwierigkeit in einem Prozess aufmerksam: Ihr wird zugehört und der Prozess entsprechend angepasst. Eine andere Kollegin kann ihrer Führungskraft ein Feedback geben und wird von ihr daraufhin anders behandelt. Doch Macht und Einfluss bedeuten auch, dass Menschen wissen, dass sie auf wichtige Entscheidungen Einfluss nehmen können; vor allem auf solche, die ihr direktes Arbeitsgebiet betreffen. Zum Beispiel haben Personalerinnen mit einem hohen Einflusserleben eine ausreichend hohe Budgetverantwortung, sodass sie nicht wegen jedem Euro zum Vorstand laufen müssen. Menschen mit hohem Einflusserleben erfahren sich nicht als hilflos. Sie lassen Arbeit nicht einfach über sich ergehen, sondern gestalten sie aktiv mit.

Dimension 4: Kompetenz

Doch hohe Selbstbestimmung, Bedeutsamkeit und viel Einfluss reichen immer noch nicht aus, damit sich das volle Gefühl von Empowerment entfaltet. Das kann ich aus unseren Studien, aber auch aus meiner Arbeit bei Stärkande bestätigen. Ich traf dort einmal auf einen Kreis von Programmierinnen, die voll und ganz hinter dem Produkt standen, das sie miteinander bearbeiteten. Sie empfanden es als sinnvoll, dass künstliche Intelligenz in die Cloud ihrer Kundinnen integriert wird. Auch hatten sie viel Selbstbestimmung und Einfluss während der Programmierarbeit. Bisher hatten sie allerdings nur für kleine Kundinnen mit ihren überschaubaren KI- und Cloudsystemen gearbeitet. Als sie dann für das erste DAX-Unternehmen arbeiteten, waren die

Kolleginnen kaum wiederzuerkennen: Sie fühlten sich für den Auftrag nicht kompetent genug, und das schmälerte ihr Empowerment-Erleben immens.

Ein intensives und umfassendes Empowerment-Erleben stellt sich für Menschen am Arbeitsplatz erst ein, wenn sie sich auch als kompetent für ihre Tätigkeiten erfahren. In der Psychologie nennen wir das Selbstwirksamkeit. Menschen mit hohem Kompetenzerleben sind überzeugt, dass sie ihre Arbeitsaufgaben gut ausführen können. Menschen mit hohem Kompetenzerleben sind stolz auf ihre Arbeitsergebnisse und können über sich und ihre derzeitigen Kompetenzen hinauswachsen.

Kommen hohe Selbstbestimmung, Bedeutsamkeit, Einfluss und Kompetenz zusammen, dann stellt sich das Gefühl von psychologischem Empowerment ein. Dieses psychologische Empowerment besitzt viele positive Konsequenzen, die in zahlreichen Studien nachgewiesen werden konnten. Mitarbeitende mit hohem Empowerment-Erleben sind nicht nur zufriedener mit ihrer Arbeit, sondern sie sind auch affektiv stärker mit dem Unternehmen verbunden. Das bedeutet, dass sie sich stärker mit dem Unternehmen identifizieren sowie ihm und seinen Produkten gegenüber positivere Gefühle entwickeln. Deswegen verwundert es auch nicht, dass empowerte Mitarbeitende seltener über einen Jobwechsel nachdenken und auch tatsächlich seltener freiwillig das Unternehmen verlassen. Die Wirkung von psychologischem Empowerment ist so stark, dass empowerte Mitarbeitende ihren Renteneintrittswunsch weiter in die Zukunft verlagern und länger im Betrieb bleiben. Darüber hinaus fördert Empowerment die Proaktivität und damit auch die Innovationsleistung der Mitarbeitenden; sie probieren mehr aus und bringen sich mehr bei Innovationsprozessen ein. Doch die positiven Wirkungen gehen noch weiter: Psychologisches Empowerment reduziert den Stress von Mitarbeitenden und langfristig die Depressionsneigung, dazu verhalten sich empowerte Mitarbeitende im Unternehmensalltag sogar umweltbewusster.[7]

Doch nicht nur diese wissenschaftlich geprüften Konsequenzen machten den psychologischen Empowerment-Ansatz so attraktiv für Stärkande. Psychologisches Empowerment ist auch sehr einfach messbar, es lässt sich mit zwölf Items sichtbar machen. Und diese Messung wird bei Stärkande regelmäßig vorgenommen.

Ein Jahr nach der Gründung hat Stärkande psychologisches Empowerment als Zielsetzung für die betriebliche Koordination und Zusammenarbeit beschlossen. Nach und nach wurde das Thema Empowerment auch bei allen vorhandenen, aber vor allem den neuen Prozessen mitgedacht. Die Frage, »wenn wir das machen, wie würde sich das auf das Empowerment-Erleben der Stärkanderinnen auswirken«, ist eine ständige Begleiterin im Alltag des Unternehmens. Und diese Frage wird von allen Stärkanderinnen gestellt und nicht nur von ausgewählten Personen mit speziellen Positionen. So hat es das Erleben von Bedeutsamkeit, Selbstbestimmung, Einfluss und Kompetenz tief in die DNA des Unternehmens geschafft und wird bei der Zusammenarbeit im Unternehmen beharrlich mitgedacht.

Dabei schauen die Stärkanderinnen aber nicht nur auf das individuelle Empowerment: Genauso wichtig ist ihnen das Team-Empowerment, sind also die Bedeutsamkeit, Kompetenz, Selbstbestimmung und der Einfluss, den ein ganzer Kreis erlebt. Erleichtert wurde die Expansion des Empowerment-Konzepts zudem von expliziten Maßnahmen, die ich in der folgenden Tabelle aufgeführt habe. Darin habe ich mich auf diejenigen Maßnahmen konzentriert, die in den ersten fünf Jahren eingeführt wurden und besonders starke Auswirkungen auf die Zusammenarbeit von Stärkande hatten. Sie finden die Maßnahmen weiter unten detaillierter erklärt sowie in anderen Axiomen zusätzliche Maßnahmen, die das Empowerment-Erleben der Stärkanderinnen steigern.

1999	»Empowering people« wird zum Markenkern des gerade gegründeten Unternehmens
2000	Prüfung aller Prozesse, inwieweit sie dem Erleben von Selbstbestimmung, Bedeutsamkeit, Einfluss und Kompetenz dienlich sind
2001	Prüfung aller Positionen bei Stärkande, inwieweit diese das Potenzial besitzen, das psychologische Empowerment der Mitarbeitenden zu fördern
2001	Einrichtung eines Archonten für Empowerment und Personal
2002	Krisenjahr: Axiome werden explizit formuliert und entwickelt
2002	Regelmäßige Messung des Empowerment-Erlebens aller Mitarbeitenden im Zuge von Mitarbeitendenbefragungen
2002	Einführung des empowerment-orientierten Führungsstils
2003	Psychologisches Empowerment wird fester Bestandteil der Mitarbeitendengespräche.
2003	In den Meetings (z. B. der Councils) wird Zeit und Raum geschaffen, um über das psychologische Empowerment sprechen zu können
2004	Die Kompetenzen für empowerment-orientierte Führung werden bei der Auswahl von Phylarchinnen und Archontinnen geprüft
2004	Psychologisches Empowerment wird ein Auswahlkriterium auch für die Besetzung von Stellen mit externen Bewerberinnen

Maßnahmen zur Förderung des Empowerment-Erlebens bei Stärkande (1999–2004)

Axiom Nr. 4: Gutes Leben statt guter Arbeit

»Gute Arbeit« ist schwer in Mode. »Gute Arbeit« ist das Leitbild für eine Initiative verschiedener deutscher Gewerkschaften. Der DGB hat dafür einen Index entwickelt, gute Arbeit steht im Grundsatzprogramm der Sozialdemokratischen Partei Deutschlands. Gute Arbeit ist auch Teil des Titels meines New-Work-Buches, das mittlerweile in der dritten Auflage gelesen wird.[8] Deshalb war ich schockiert, als ich von den Stärkanderinnen für den Titel kritisiert wurde. Besonders Raphael schonte mich nicht.

Er meinte, dass gute Arbeit zu kurz gedacht und konzipiert sei. Menschen hätten nicht zwei getrennte Leben. Arbeit und das Leben außerhalb der Arbeit wären eng miteinander verwoben. Stärkande betreibe nicht den Aufwand für psychologisches Empowerment, sodass daraus einfach nur gute Arbeit resultiere. Die Ziele, die mit Empowerment und anderen Initiativen erreicht werden sollen, seien bei Stärkande größer und nachhaltiger. Gute Arbeit sei lediglich ein Mittel und ein Zweck. Stärkande wolle, dass die Stärkanderinnen gut leben können. Denn genau das sei doch das Problem in vielen Unternehmen, meinte er: »Menschen ruinieren ihre Gesundheit für ihren Job und verlieren darüber hinaus wertvolle Lebenszeit. Sie hoffen auf ein Leben im Urlaub und in der Rente. Doch Gevatter Tod agiert ohne Rücksicht auf solche Pläne.«

Und dann zeigte er mir ein Zitat aus einem Artikel von Otti Vogt und Antoinette Weibel, was ein gutes Leben sei. Die Autorinnen bezogen sich dabei auf Aristoteles und dessen Gedanken zur Potenzialentfaltung und Eudämonie (Glückseligkeit) als letztendliches Ziel der menschlichen Existenz: »Ein gutes Leben heißt, nach Exzellenz zu streben: gesund zu sein, die eigenen geistigen und charakterlichen Qualitäten zu kultivieren, Freundschaften zu pflegen und sich innerhalb der Gesellschaft zu verwirklichen.«[9] Und so strebe Stärkande danach, Menschen ein gesundes und würdevolles Leben zu ermöglichen. Die Stärkanderinnen sollten wachsen und schöpferisch tätig sein können. Wachsen und Schöpfen in einer Gemeinschaft, die ihnen eine sichere Heimat ist. Doch nicht nur die Menschen, die für Stärkande arbeiten, sollten möglichst in einem Zustand der Eudämonie leben. Der ganze Organismus Stärkande, die ganze Gemeinschaft solle Eudämonie anstreben und erreichen.

Die Kritik der Stärkanderinnen an meinem Buchtitel traf mich. Ich finde das Axiom und die Werte, die es repräsentiert, grundsätzlich gut. Aber gleichzeitig ist mir das zu viel. »Stärkande will Quelle und Leuchtturm für ein gutes Leben sein«, meinte Alia einmal. Mir ist das zu übergriffig. Ich finde es in Ordnung, wenn man »nur« arbeitet und nicht gleich das ganze Leben betroffen ist. Sonst wird in meinen Augen zu viel Druck ausgeübt: Zu viel Druck auf die Organisation, die das gute Leben zu ermöglichen hat, aber auch zu viel Druck auf die Individuen, die durch Stärkande ein gutes Leben haben sollen. Ich will nicht zu meinem Glück gezwungen werden. Ich bin für die Freiheit und das Empowerment, auch unglücklich sein zu dürfen. Hier lagen wir bis zuletzt auseinander. Dennoch gehört das Axiom berichtet, denn es ist ein wichtiger Teil von Stärkande.

Axiom Nr. 5: Stärkande als gute Gemeinschaft

Menschen treffen sich am Arbeitsplatz für unterschiedliche Tätigkeiten. Bei einigen steht das Thema Arbeit im Fokus. Noch häufiger setzen sich Menschen aber vor allem deshalb allmorgendlich in die S-Bahn oder das Auto, um am Arbeitsplatz anderen Menschen zu begegnen. Die Sehnsucht nach Gemeinschaft ist groß und wird doch in vielen Unternehmen enttäuscht. Eine Gruppe von Menschen versammelt sich, aber es existiert keine Gemeinschaft. Die Kolleginnen sind Konkurrentinnen um Ressourcen wie Aufstieg und Bonuszahlungen. Kolleginnen verhalten sich als Feindinnen, Kampf bestimmt den Alltag. Kampf um Ruhm und Ansehen, Kampf um Geld und Accounts, so wie bei den Harkonnen. Oder die Kolleginnen begegnen einem nur in formalen Rollen wie »Chefin« und »Untergebene« oder »IT-lerin« und »Personalerin«. Diese Rollen sind oft seelenlos konzipiert und sie schaffen seelenlose Gemeinschaften.

Für Stärkande gehört das Leben und Arbeiten in einer Gemeinschaft zu einem guten Leben. Das Unternehmen will den Stärkanderinnen eine gute Gemeinschaft bieten. Wichtig ist aber der Unterschied zwischen Familie und Gemeinschaft. Niemand sagt bei Stärkande, dass sie eine Familie seien. Stärkanderinnen wollen nicht Vater oder Mutter für ihre Kolleginnen sein. Und es gibt auch Entlassungen bei Stärkande. Ein Familienmitglied kann man nicht entlassen, egal was er oder sie getan hat.

Die Betonung und gezielte Förderung der Gemeinschaft besitzt einen ernsten Hintergrund. Im Jahr 2002 geriet Stärkande in eine Krise. Das Unternehmen hatte keine Absatzprobleme oder zu wenig Kundinnen. Nein, das Geschäft brummte. Die Krise hatte vor allem einen organisationspsychologischen Hintergrund. Das Unternehmen war stark gewachsen und hatte eine dreistellige Anzahl an Mitarbeitenden gewonnen. Es ging alles so schnell und es gab nur wenige ausformulierte Axiome, die das Zusammenleben leiteten, denn das Unternehmen war erst drei Jahre alt.

Abb. 4: Die gute Gemeinschaft hat einen hohen Stellenrang bei Stärkande

Doch damals kristallisierte sich bereits heraus: Selbstorganisation war ein wichtiger Wert. Die Selbstorganisation in Kombination mit der steigenden Unternehmensgröße führte zu Chaos. Die Stärkanderinnen waren noch ungeübt darin, das hohe Ausmaß an Autonomie positiv zu nutzen. Stattdessen gingen sie sich wechselseitig mit den Verhandlungen auf die Nerven, wer denn konkret für eine Aufgabe zuständig sei. Ständig sahen Alia und Jessica, dass Aufgaben liegen blieben oder erst viel zu spät bearbeitet wurden. Dazu kam, dass sich Bereichsidentitäten entwickelten. Das ist normal und nicht so dramatisch, wenn eine gemeinsame Identität und Gemeinschaft existiert. Das war aber nicht der Fall. Die meisten Mitarbeitenden waren erst vor ein paar Monaten Stärkanderinnen geworden. Viele Stärkanderinnen pflegten nur Kontakt mit ihren unmittelbaren Kolleginnen in den Projekten. Das gesamte Unternehmen Stärkande interessierte viele nicht. Sie dachten an sich und ihr unmittelbare Kolleginnen. Man kannte sich nicht mehr. So entstanden Subgruppen und die Kolleginnen identifizierten sich mit diesen und nicht mit der gesamten Gemeinschaft. Es kam sogar zu Kündigungen, was für Stärkande damals und heute sehr unüblich war.

Das Unternehmen brauchte Hilfe und fand sie in einer Gruppe von Organisationsberaterinnen um Matthias Meginfrid, die mit den Stärkanderinnen verschiedene Axiome entwickelten. Dabei wurden nicht nur die Archontinnen, sondern alle Mitarbeitenden in den Prozess eingeladen. Es wurde erkannt, dass psychologisches Empowerment als Leitbild zu wenig ist und auch die Strukturen aktiv gestaltet werden mussten. Die holokratische Hierarchie und das Phylen-System wurden geboren (siehe unten) und die Stärkanderinnen entwickelten in dem Prozess Empathie und Vertrauen zueinander. In den Workshops lernten sie sich kennen und entwickelten eine Idee davon, wie sie miteinander zusammenarbeiten wollten. In diesem kritischen Moment kam hinzu, dass Alia, Jessica und Raphael weniger fachliche Aufgaben ausüben konnten: Sie mussten sich primär um die Gemeinschaft und das Zusammenleben darin kümmern. Gleichzeitig merkten die drei, wie sich Stärkande von ihnen emanzipierte. Das Unternehmen wurde zu einem eigenständigen Organismus, der lebt. Es entstand eine geregelte Freiheit, die weniger Eingriffe erforderte, denn die Stärkanderinnen übernahmen Verantwortung für ihr Wohl aber auch für das ihrer Gemeinschaft. Und dieses Gemeinschaftsgefühl wurde nicht nur auf den eigenen Kreis bezogen erlebt. Ältere Stärkanderinnen nennen das Jahr 2002 das zweite Gründungsjahr von Stärkande.

Heute erleben die Stärkanderinnen in ihrer Gemeinschaft psychologisches Empowerment und können sich entfalten. Durch den Kontakt mit anderen finden sie ihren Rollen und gewinnen dadurch Selbsterkenntnis und Identität. Die Stärkande-Gemeinschaft ist geprägt von Empathie und Vertrauen, denn die Mitarbeitenden müssen keine Politik betreiben, um etwas im Unternehmen zu bewegen. Niemand muss aus dem Weg geräumt werden. Wer auf dem Weg steht, wird eingeladen und mitgenommen. Stärkanderinnen versetzen sich kognitiv wie affektiv in die Lebenswelt ihrer Kolleginnen, wenn sie Entscheidungen treffen und handeln. Stärkanderinnen haben Mitgefühl, sie helfen, wenn sie spüren, dass andere Hilfe benötigen. Denn sie wissen, dass Hilfe in der Gemeinschaft von Stärkande reziprok ist. »Ich helfe und mir wird geholfen«, ist ein wichtiges Prinzip bei Stärkande. Vertrauen bedeutet für die Stärkanderinnen, dass sie sich in der Gemeinschaft verletzlich machen dürfen. So können sie etwa wichtige Aufgaben übergeben, weil sie die Erfahrung gemacht haben, dass die Kolleginnen in der Gemeinschaft wechselseitig füreinander Verantwortung übernehmen.[10]

Axiom Nr. 6: New Time – Sinnhafte Aufteilung von Arbeitszeit

Abb. 5: New Time bei Stärkande

Das sechste Axiom ist konkreter formuliert als die vorherigen. Es wird mittlerweile seit 15 Jahren praktiziert und ist einer der Grundpfeiler für die Innovations- und Anziehungskraft, die Stärkande entwickelt hat. Das Unternehmen hat immer wieder neue Geschäftsfelder erschlossen und hatte bisher kaum Probleme, neue Stellen mit geeignetem Personal zu besetzen. Das liegt auch daran, dass immer wieder in den Medien über New Time und das 60/20/10/10-plus-one-Prinzip berichtet wurde, obwohl der Name so sperrig ist.

Das Prinzip regelt, mit welcher Art von Tätigkeiten sich die Mitarbeitenden pro Woche beschäftigen sollen. Dabei handelt es sich um Orientierungen: In einer Woche kann es auch zu Verschiebungen kommen, pro Monat soll aber das Verhältnis ungefähr stimmen. Genau diese Orientierung fehlt in vielen Unternehmen. Ich erläutere Ihnen die einzelnen Bestandteile im Folgenden:

New Time = 60/20/10/10 + 1

Routine:

Die Mitarbeitenden beschäftigen sich bei Stärkande in 60 Prozent der Arbeitszeit mit Routineaufgaben. Die Aufgaben sind bekannt und Teil der Rolle eines Mitarbeitenden. Die Organisationsberaterinnen beraten ihre Klientinnen. Die Schreinerinnen produzieren Möbel und die Softwareentwicklerinnen versuchen, einen Bug in ihrer Software zu finden. Auch Treffen zur Koordinierung der Standardaufgaben gehören in diesen Bereich. Bei einer Vollzeitstelle von acht Stunden sind 60 Prozent fünf Stunden pro Tag. Die Stärkanderinnen sind der festen Überzeugung, dass niemand mehr als fünf Stunden pro Tag mit Routineaufgaben verbringen sollte. Wenn es deutlich mehr ist, gilt das sogar als verwerflich.

Implementierung:

Viele Innovationen bleiben in der Implementierungsphase stecken. Das haben die Mitarbeitenden auch bei Stärkande erlebt und das hat sie mächtig geärgert. Dabei blieben die kreativen Ideen nicht stecken, weil sie zu schlecht gewesen wären oder die Stärkanderinnen zu faul. Nein, es lag in der Regel daran, dass Zeit für die Umsetzung fehlte. Denn neue Ideen zu produzieren ist einfach, sie in der Praxis zu erproben, benötigt aber zeitliche Freiräume. Deswegen kam der Wunsch nach festen Arbeitszeiten für die Implementierungsphase auf. In 20 Prozent der Arbeitszeit, d. h. acht Stunden pro Woche, implementieren die Stärkanderinnen Innovationen. Die Mitarbeitenden übernehmen in dieser Zeit Verantwortung für die Umsetzung und Praxiserprobung neuer Produkte, neuer Dienstleistungen oder auch neuer Prozesse im Unternehmen. Die Schreinerinnen bauen an den Prototypen neuer Büromöbel. Die Organisationsberaterinnen arbeiten Konzepte für ihre Kundinnen weiter aus und die Entwicklerinnen basteln an der Praxisumsetzung einer neuen Software. Diese Arbeit findet nicht unbedingt in der Standardarbeitsgruppe (Kreis) statt, sondern häufig in dafür neu zusammengesetzten Kreisen.

Kreativität:

Zehn Prozent der Arbeitszeit der Stärkanderinnen sind für Kreativität reserviert. D. h. vier Stunden pro Woche arbeiten sie an neuen Ideen. Allein oder in der Gruppe entwerfen und entwickeln sie Neues und probieren originelle Geschäftsideen aus; oder sie denken über die Optimierung von Prozessen bei Stärkande nach. Hier gibt es keine Beschränkungen. Schranken gibt es auch nicht, wer mit wem zusammenarbeitet. Ausdrücklich sind interdisziplinäre Kreise gewünscht, die sich aus Mitgliedern verschiedener Phylen zusammensetzen. Die klare Haltung und Zielsetzung bei Stärkande ist die Produktion eines Überschusses an Ideen. So weiß jeder Mitarbeitende automatisch, dass nicht jede Idee zum Produkt werden kann und fühlt sich dadurch nicht gekränkt.

Die Hauptherausforderung, damit eine Idee weiterverfolgt wird, ist das Gewinnen von Followern: Wollen Mitarbeitende ihre Idee in die Implementierungsphase bringen, so müssen sie genügend Follower finden, die ihnen deren 20 Prozent der Implementierungszeit zur Verfügung stellen. Benötigen sie Geld, dann müssen sie gemeinsam mit Mitarbeitenden vor dem Innovationskreis pitchen, um die Mittel zur Verfügung gestellt zu bekommen. Ist die Implementierungsphase abgeschlossen, dann wechselt die Aufgabe in den Routinebereich.

Selbstbestimmung:

Zehn Prozent (vier Stunden pro Woche) der Arbeitszeit dürfen die Mitarbeitenden machen, was sie wollen. Diese Arbeitszeit wird bezahlt. Manche Stärkanderinnen nutzen diese Zeit, um sich nach stressigen Arbeitsphasen zu erholen. Manche betreiben Müßiggang. Das bedeutet, dass die Stärkanderinnen sich auch ohne vorherige Stressphase selbstbestimmt mit sich selbst beschäftigen dürfen. Einigen spielen in der Zeit mit ihren Kolleginnen. Doch mir ist nirgendwo ein Tischkicker aufgefallen, dafür sah ich sehr oft Scrabble-Spiele. Es gibt sogar eine Scrabble-Meisterschaft bei Stärkande. Im Jahr 2019 spielte ich da mal mit: Ich weiß noch wie heute, dass mich Marie-Luise Wilhelm mit dem Wort »Juchzen« aus dem Turnier warf. Sieben Buchstaben und dann auch noch ein »J«. Und ich hatte so lange geführt! Viele Stärkanderinnen investieren diese Freiheit, um die Zeit im Bereich Implementierung oder Kreativität zu erhöhen. Die meisten Mitarbeitenden nutzen die Zeit aber für ihre Weiterbildung. Sie lernen eine neue Programmiersprache, loggen sich in ihrer persönlichen Lern-Cloud ein, lesen ein Buch oder schreiben an einem Artikel.

Plus one:

Wahrscheinlich haben Sie sich schon gefragt, wofür das »Plus one« steht. Wenn ich recht erinnere, dann kam das »Plus one« erst 2011 hinzu. Jede Woche bei Stärkande endet freitags um 15 Uhr mit einem Onlinevortrag. So sollen alle Mitarbeitenden die Woche mit einem intellektuellen Impuls abschließen können. Dafür werden von den Stärkanderinnen meist fünf bis zehn selbst ausgearbeitete Vorträge pro Freitag angeboten. Nur in Ausnahmefällen wird eine Rednerin von außen gebucht. Alle sind irgendwann einmal dran und auch eine neu eingestellte Hausmeisterin oder eine neue Schreinerin weiß, dass sie einmal vor der Belegschaft einen Vortrag halten werden. Das ist sehr herausfordernd, und es gab sogar schon Mitarbeitende, die deswegen kündigten. Einige Mitarbeitenden waren wegen der Vorträge schwer gestresst. Als wissenschaftlicher Beirat und Psychologe habe ich interveniert, um diese verpflichtende Praxis zu beenden. Aber die Stärkanderinnen lassen hier keine Ausnahmen zu. Bei Stärkande kann man sich nicht verstecken. Ich fand und finde diesen Zwang unnötig.

Strenge Regeln gibt es auch beim Zeitmanagement. Ein Vortrag muss nach 25 Minuten beendet sein, danach kann noch 25 Minuten interagiert werden. Thematisch soll das Vortragsthema so gewählt sein, dass der Vortrag psychologisches Empowerment fördert. Das heißt die Vorträge sollen die Zuhörerinnen kompetenter machen, deren Sinnerleben steigern oder das Thema Selbstbestimmung oder Einfluss fördern. Manche Mitarbeitende wählen ein berufliches Thema (z. B. was der Sinn eines neuen Produktes ist oder was ich auf der letzten Konferenz über das Thema Nachhaltigkeit bei Cloud Computing gelernt habe). Andere konzentrieren sich auf den privaten Bereich (wie sich in einem Fußballteam Entscheidungen partizipativ treffen lassen oder wie ich meiner Tochter das Klettern beigebracht habe).

New Time hat die Arbeit von Stärkande radikal verändert. Verschiedene Phasen des Arbeits- und Innovationsprozesses zeitlich klar zu budgetieren, war eines der entscheidenden Instrumente, um das soziale System des Unternehmens zu beleben und die Innovationskraft zu fördern. Damit das Prinzip funktionieren kann, musste aber eine grundsätzliche Haltung in der Organisation sichtbar werden: Jede Stärkanderin teilt ihre Arbeit nach dem 60/20/10/10-plus-one-Prinzip auf. Denn in jedem wird das Talent und die Motivation gesehen, innovativ denken und handeln zu können. »Alle Stärkanderinnen sind Pionierinnen«, diesen Satz hört man oft bei Stärkande und entsprechend erhalten auch wirklich alle die Zeit für Kreativität zur Verfügung gestellt. Es wird keine Gruppe von Beschäftigten zur genialen Entwicklerkaste ernannt, nein, das Potenzial für Innovationen wird jeder Mitarbeitenden zugesprochen. Alle Stärkanderinnen sind Pionierinnen.

Axiom Nr. 7: Konsequente digitale Arbeitsorganisation mit Rolemapp, Skillmapp, Teamorg und der künstlichen Intelligenz Thufir

Kern der Arbeitsorganisation bei Stärkande ist die Aufgabenklärung in Form von Rollen. Ziel ist es, dass jede Mitarbeitende weiß, was ihre Aufgaben sind und für was sie zuständig ist. Das ist in den meisten Unternehmen nicht die Regel, sondern die Ausnahme. Und diese Rollendefinition ist vor allem für den Routinebereich wichtig. Dadurch sollen Konflikte und Verantwortungsdiffusion verringert und die Koordination nachhaltiger gestaltet werden. »Nachhaltigkeit« ist ein wichtiger Begriff bei Stärkande: Die Stärkanderinnen wollen nicht nur nachhaltig mit den Ressourcen der Umwelt, sondern auch nachhaltig mit ihren zwischenmenschlichen Ressourcen umgehen. Es soll keine Zeit und Kraft für unsinnige Konflikte, Zuständigkeitsrangeleien, Statusgehabe oder endlose Meetings verbraucht werden. Die klare Haltung bei Stärkande war und ist immer: Weder Materialien noch menschliche Arbeitszeit dürfen verschwendet werden.

Gleichzeitig soll durch die fortdauernde Rollenklärung das Empowerment-Erleben der Mitarbeitenden gestärkt werden. Wenn Mitarbeitende wissen, für was sie zuständig sind, dann verstehen sie ihre Arbeit besser und können sie als sinnvoller erleben. Menschen, die ihre Rolle kennen, können für sie auch besser Verantwortung übernehmen und dadurch mehr Selbstbestimmung und Einfluss erleben. Weiterhin hilft eine präzise Rollenklärung bei der Kompetenzentwicklung: Wenn Mitarbeitende ihre Zuständigkeiten kennen, dann wissen sie in der Regel auch, welche Kompetenzen für die Anforderungen notwendig sind und können sich darum bemühen, diese zu entwickeln. Alia und Jessica betonten immer wieder: Als sie die Rollenklärung bei Stärkande eingeführt hatten, lösten sich wie in einem Dominoeffekt viele weitere Probleme.

Stärkande orientiert sich beim Thema Rollenklärung stark an den Prinzipien der Holokratie. Die Organisation soll um die Arbeit herum organisiert werden, die erledigt werden muss, und nicht in Bezug auf Positionen und Positionsinhaberinnen.[11] Jede Mitarbeitende hat mehrere Rollen, die sich auf die Arbeitsaufgaben beziehen. Da sich Arbeitsaufgaben dynamisch verändern können, müssen die Rollen immer wieder aktualisiert werden, dafür findet jeden Monat in jedem Kreis (Team) ein Rollentreffen statt und jeder benennt etwaige Rollenveränderungen. In anderen Unternehmen ist dann der Prozess beendet und niemand außerhalb des Kreises erfährt von den Rollen. Deswegen haben die Stärkanderinnen diesen Prozess digitalisiert.

Ihre Rollen teilen die Stärkanderinnen der künstlichen Intelligenz Thufir mit, die die Infos in die Rolemapp einträgt. Rolemapp ist eine Funktion der Mitarbeitenden-App, die alle Stärkanderinnen auf ihren Dienstlaptops und Diensthandys vorinstalliert haben. Hier haben die Kolleginnen aus der Softwareentwicklung ihr ganzes Können gezeigt: Die App hat die Koordination der Aufgaben bei Stärkande stark vorangebracht. Mittlerweile wird sie auch in vielen anderen Unternehmen eingesetzt.

Im Namen »Rolemapp« stecken drei Begriffe: Role, Map und App. Rolemapp ist eine App, in der die Rollen der Mitarbeitenden von Stärkande wie in einer Landkarte dargestellt werden (siehe Abbildung 6). Aber die App ist nur die Oberfläche, das Programm wird seit einigen Jahren von Thufir gesteuert. So heißt die künstliche Intelligenz, die den Stärkanderinnen das Arbeiten erleichtert. Jeden Monat erinnert Thufir die Mitarbeitenden daran, ihre Rollen im System anzuschauen und gegebenenfalls zu aktualisieren.

In der Zwischenzeit bleibt Thufir nicht untätig. Stärkande hat über 1.000 Mitarbeitende und kein Mensch kann alle Rollen überblicken, die es im Unternehmen gibt. Doch die künstliche Intelligenz lernt jeden Tag etwas mehr von den Stärkanderinnen: Thufir visualisiert in der Rolemapp die Rollen in einem dreidimensionalen Raum und berechnet Ähnlichkeiten zwischen Rolleninhaberinnen. Rolemapp ist dank der KI-Unterstützung eine große Landkarte der Rollen, die bei Stärkande existieren. Hat jemand Thufir eine neue Rolle mitgeteilt (z. B. Martin macht Social-Marketing für Schreibtische), dann sieht sie oder er in der Rolemapp, wer eine ähnliche Rolle besetzt (z. B. Birgit macht Social-Marketing für Coaching). Thufir screent täglich die Rollen und macht immer wieder Vorschläge für eine Vernetzung. Die daraus resultierenden persönlichen Treffen helfen dabei, Zuständigkeiten abzugrenzen und voneinander zu lernen. Die Erkenntnisse aus dem Social-Marketing für Schreibtische können so direkt in das Social-Marketing für Coaching fließen. Manchmal gibt auch jemand eine Rolle ab, weil sich im Gespräch herauskristallisiert, dass z. B. das Social-Marketing für Schreibtische und für Coaching zusammen bearbeitet werden sollten.

Zusätzlich aktualisieren die Mitarbeitenden in der Mitarbeitenden-App jeden Monat ihre Kompetenzen. So ist es mit der App und Thufir möglich, von der Rolemapp in den Skillmapp-Modus zu wechseln und Menschen bei Stärkande zu identifizieren, die ähnliche oder seltene Kompetenzen besitzen. Werden z. B. Expertinnen für eine Beratung zum

Thema agiles Projektmanagement gesucht, dann spricht die suchende Person Thufir an und bittet die künstliche Intelligenz um Vorschläge für Expertinnen. Thufir sucht dann ein paar Sekunden in der Skillmapp und kommuniziert mehrere Vorschläge. Ich erinnere mich, dass viele Mitarbeitenden von Stärkande zunächst Bedenken gegenüber Thufir und seinen Fähigkeiten hatten. Doch da die Stärkanderinnen ihrer Organisation keine schlechten Intentionen unterstellen und Thufir ja von den Mitarbeitenden für die Mitarbeitenden gebaut worden war, ließen sich schließlich viele auf Thufir ein und konnten dadurch die immense Arbeitserleichterung erfahren, die ihnen die KI ermöglicht.

Eine dritte Funktion der Mitarbeitenden-App ist die Teamfunktion (Teamorg). In der Teamfunktion hilft die App dabei, die digitale Koordination und Speicherung von Projekten zu erleichtern. Mit Teamorg können Videogespräche geführt und Daten ausgetauscht werden, eine Kreativfunktion unterstützt die Teammitglieder bei Design-Thinking-Prozessen. Besonders wichtig ist, dass die Projekte und die Ergebnisse langfristig gespeichert werden und die Stärkanderinnen jederzeit wieder in die abgeschlossenen Projekte hineinschauen können. So können sie beim Start eines neuen Projekts zunächst in der App zusammen mit Thufir nach alten Projekten suchen, die ein ähnliches Thema bearbeitet haben. Findet Thufir ein ähnliches Projekt, dann wird dieses angezeigt und der neue Kreis hat die Möglichkeit, auf dem alten Projekt aufzubauen, selbst wenn die Kolleginnen längst nicht mehr für Stärkande arbeiten. So wird durch digitale Unterstützung konsequent Doppelarbeit vermieden und Wissen im Unternehmen gehalten.

Rolemapp, Skillmap, Teamorg und Thufir als Assistent hinter der Mitarbeitenden-App werden bei Stärkande konsequent genutzt. Dieses extrem wichtige Wissensmanagement, bei dem alle Mitarbeitenden ihre digitalen Informationen aktuell halten, funktioniert bei Stärkande erst, seitdem es die Mitarbeitenden-App gibt. Einen weiteren Sprung gab es, als Thufir in der App zum Einsatz kam. Vor der App und Thufir waren die Hürden und der Aufwand viel zu hoch, um das Wissen im Intranet aktuell zu halten und es dort mühsam zu recherchieren. Doch nun erleichtert Thufir die Einstellung von Informationen und die Informationssuche sehr, weil beides per Spracheingabe erfolgt. Im Onboarding werden alle neuen Stärkanderinnen in die Mitarbeitenden-App eingeführt und lernen Thufir darin kennen. Ihnen wird gezeigt, wie die App zu bedienen ist, doch zeigt man ihnen auch, wie sie sich von Thufir nachhaltig auch außerhalb der App begleiten lassen können. Dazu führt jede neue Mitarbeitende ein langes Gespräch mit Thufir – auch wenn Thufir kein Mensch ist, schafft das Gespräch Vertrauen. So beantwortet Thufir etwa auch kritische Fragen über sich und seine Arbeit. Das entspannt und führt zu einer positiven Arbeitsbeziehung mit Thufir.

EVA HERBST
• Weiterentwicklung de
Matchingalgorithmus
• Wartungsarbeiten am
Programm
• Evaluation des Matchir
• Ansprechpartnerin fi
Vertrieblerinnen

Abb. 6: Visualisierung der Rollen in einem Netzwerk

Axiom Nr. 8: Die magischen 150 – Kommunikation und Kooperation in Phylen

Jessica und Alia wollten nie in einem Konzern arbeiten und gründeten deshalb ihr eigenes Unternehmen. Zugleich hatten die Schwestern Angst davor, dass Stärkande dieselben Strukturen wie große Softwarekonzerne entwickeln könnte. Ja, diese Unternehmen waren erfolgreich, aber sie waren trotz ihres Organisationssystems erfolgreich und nicht deswegen.

Stärkande ist in den letzten Jahren stark gewachsen. Immer mehr Kundinnen kauften die HR-Softwareprodukte. Immer neue Projekte erforderten immer mehr Personal. Stärkande wuchs und es wuchs sehr schnell. Die Schwestern hatten nichts gegen Größe: Eine große Gemeinschaft ist stärker und krisenfester als eine kleine. Größe bedeutet Bekanntheit, mehr Umsatz, mehr Sicherheit und mehr schlaue Köpfe, die mehr neue Produkte entwickeln. Und mit mehr Gewinn konnte man mehr investieren, erklärten mir die Schwestern einmal die Logik von Stärkandes Wachstumskurs. So ist klar: Jessica und Alia sind Unternehmerinnen durch und durch. Doch sie suchten auch nach einer Alternative. Sie wollten Start-up bleiben; schnell und beweglich. Aber sie wollten groß sein.

Die Dunbar-Zahl war ihre Lösung und die Rettung in der Krise im Jahr 2002. Robin Dunbar entdeckte, dass das soziale Netzwerk von Menschen aus maximal 150 Personen besteht und führte dafür hirnphysiologische Gründe heran. Von maximal 150 Personen kennen Menschen die Namen und Gesichter. Mit 150 Personen pflegen Menschen intensiveren Kontakt bzw. können einen zweckmäßigen Kontakt aufrechterhalten. An maximal 150 Personen werden Weihnachtsgrüße versendet. Unsere Vorfahren, die Jäger und Sammler, scheinen in Gruppen gelebt zu haben, die nicht mehr als 100 bis 150 Mitglieder umfassten. 100 bis 150 Menschen bilden in einer Armee eine Kompanie, die füreinander kämpft.[12]

Alia und Jessica erkannten die Zahl 150 als ein Kernmerkmal ihres lebendigen Organisationssystems. Mit 150 Stärkanderinnen sollten auch noch die angestrebte Selbstorganisation und die psychologischen Empowerment-Prozesse funktionieren. Inspiration fanden sie z. B. beim Unternehmen Gore, das seit den 1950er-Jahren erfolgreich mit dem Kunststoff Polytetrafluorethylen Umsätze erzielt. Sie kennen wahrscheinlich die Textilien, die aus dem Kunststoff hergestellt werden (Goretex). Wenn ein Standort von Gore zu groß geworden ist, dann gründet sich aus dem alten ein neuer Standort. Das Ergebnis sind kleine soziale Einheiten, in denen die Menschen einander kennen und eine funktionierende Gemeinschaft bilden können. Kontinuierliche Neugründungen, die langfristig wie Start-ups arbeiten können – die Schwestern waren davon fasziniert.

An diese Erkenntnisse angelehnt bilden maximal 150 Stärkanderinnen zusammen eine Phyle. Dieser Name wurde von Alia ganz bewusst gewählt: Denn in der attischen Demokratie waren die Phylen eine kleine politischen Einheit. Hat eine Stärkande-Phyle länger als sechs Monate mehr als 150 Mitglieder, dann wird der Prozess zur Gründung der nächsten Phyle gestartet. Wie im antiken Griechenland bilden Kolonisten der alten Phyle die personelle Basis für die neue. Die alte Phyle bleibt als »Mutter« für die neue Phyle verantwortlich. Sie hilft beim Aufbau, bis die neue Phyle groß und stark genug ist, um selbstständig überleben zu können. Vor allem stattet sie die neue Phyle mit Projekten aus, die ihr im ersten Jahr genügend Umsatz bringen, um ökonomisch erfolgreich arbeiten zu können. Hat eine Phyle bei Stärkande so erfolgreich gearbeitet, dass aus ihr eine neue Phyle und somit neues Leben geboren wird, so gilt das als große, anerkennenswerte Leistung.

Über die Gründung von Marseille durch Griechen um 600 vor Christus schreibt Iustinus: »Sie fuhren von Italien kommend mit ihren Schiffen in die tiefste Meeresbucht Galliens ein, gründeten dort Massilia im Gebiet zwischen den Ligurern und den noch wilden Stämmen der Gallier und vollbrachten große Taten«[13]. Genauso fahren die Stärkanderinnen mit einer neuen Phyle ins Unbekannte und leisten Bemerkenswertes.

Axiom Nr. 9: Die Organe des lebendigen Systems: eine holokratische Hierarchie oder eine hierarchische Holokratie? Stärkande arbeitet mit einer Holohier

Der Aufbau von Stärkande verbindet zwei Organisationsprinzipien, die in der Managementliteratur als Gegensätze gelten: Hierarchie und Holokratie gelten als unvereinbar. Doch das ist falsch. Wie wäre ein Organisationssystem, dass die Chancen beider Systeme zu nutzen wüsste und beider Probleme vermeidet? Das ist den Stärkanderinnen gelungen.

Eine Hierarchie offenbart bedeutende Probleme bei der Bearbeitung von komplexen Aufgaben. Denn Komplexität bedeutet Überraschung, und Hierarchien können Überraschungen schlecht bewältigen. Häufig wird in einer Hierarchie Silodenken betrieben und Informationen erreichen nicht die Personen, die für die Problemlösung gebraucht werden. Probleme werden in einer Hierarchie oft dort gelöst, wo die meiste Macht existiert, und nicht dort, wo die größte Kompetenz und das meiste Wissen vorhanden sind. Auch können nur schwer abteilungsübergreifend Aufgaben gelöst werden und es gelingt Menschen seltener, kreativ zu sein. Die Hierarchie ist gut geeignet, um einfache Standardprobleme zu lösen. Für komplexe, kreative und interdependente Herausforderungen ist sie zu schwerfällig.[14]

Aber Hierarchien schenken den Mitarbeitenden auch Halt und Orientierung. Das geschieht vor allem über die Führungskräfte, die in einer Hierarchie arbeiten. Führungskräfte geben Feedback, sie schlichten Konflikte und motivieren das Team. Sie entwickeln bestenfalls die Teammitglieder weiter und koordinieren die Aufgaben auf ein gemeinsames Ziel hin. Hierarchien schaffen Ordnung und klare Entscheidungswege, sodass sich die Mitarbeitenden auf ihre fachliche Arbeit konzentrieren können und ihren Arbeitsalltag nicht zu stark aushandeln müssen.

Vieles davon ist anders in einer holokratischen Organisation, denn dort wird ohne Führungskräfte gearbeitet. Menschen definieren ihre Rollen und die Rollen werden in Kreisen zusammengefasst. Kreise entsenden dann Vertreterinnen in höhere Kreise, sodass es zu einem hohen Maß an Selbstorganisation kommt. Immer wieder werden die Rollen und Kreise neu definiert, sodass die Organisationsentwicklung kontinuierlich stattfindet. Das macht die Organisation agil und anpassungsfähig. Neue Probleme können schnell und mit den Menschen, die dafür am kompetentesten sind, kreativ gelöst werden. Das Wissen fließt schnell dorthin, wo es gebraucht wird.

Gleichzeitig bürdet Holokratie den Menschen viele Zusatzarbeiten auf, die vor allem sozialer Natur sind. Die Arbeit, die vorher Führungskräfte übernommen haben, müssen die Mitarbeitenden in den Kreisen nun selbst und zusätzlich übernehmen. Erst wenn die Führungskräfte verschwunden sind, bemerken viele Mitarbeitende, wie viel diese für ihre Teams geleistet haben. Denn durch das Verschwinden der Führungskräfte verschwinden nicht gleichzeitig die Führungsaufgaben. In einer holokratischen Organisation müssen die Mitarbeitenden sich selbst führen. Sie sind gezwungen, sich allein zu koordinieren, sich allein untereinander Feedback zu geben und allein zu motivieren. Führungskräfte fallen dann als Koordinatorinnen und Befriederinnen des organisationalen Lebens aus. Die Führungskräfte sind nicht mehr da, aber die Konflikte sind sehr wohl noch existent.

Konflikte müssen von den Mitarbeitenden selbstständig geschlichtet werden. Das wird vor allem dann zum Problem, wenn die Ressourcen knapp sind oder die Lasten steigen. Der Alltag in einer Holokratie ist komplex, sehr komplex. Häufig entsteht auch implizite Führung, d. h. unter Umständen dominiert ein Teammitglied mit seiner Meinung und seinen Vorstellungen viel stärker das Team, als das vorher eine offizielle Führungskraft getan hat. Dazu kommt auch noch eine lange Holokratieverfassung, die berücksichtigt werden muss. In dieser ist geregelt, wie in einer Holokratie zusammengearbeitet werden soll. Interpersonale Führung durch Menschen wird durch strukturelle Führung, also abstrakte Führung mit Gesetzen und Regeln ersetzt.

Das erschwert die Zusammenarbeit in einer holokratischen Organisation: In einigen holokratischen Organisationen beschäftigen sich die Mitarbeitenden mehr mit Holokratie als mit ihren Produkten, die Arbeit wird stärker behindert als erleichtert. Und das hat mit der zwischenmenschlichen Komplexität in der Holokratie zu tun. Vor allem dann wird sie von vielen Mitarbeitenden als belastend empfunden, wenn die Organisation wächst; wenn also mehr als 50, mehr als 100 oder mehr als 1.000 Menschen zusammenarbeiten und sich in ihrem Handeln koordinieren müssen.

Jessica und Alia Stärkande wollten wachsen. Sie wollten groß werden. Die beiden wollten keine kleine Boutique. Sie wollten aber auch kein System, das sich ständig mit sich selbst beschäftigt. Sie wollten ein System, das so einfach und funktionstüchtig ist, dass man es im Arbeitsalltag nicht bemerkt, weil es natürlich wirkt und lebendig ist.

Also musste ein Organisationssystem gefunden werden, das die Stärken von Hierarchie und Holokratie bewahrt und gleichzeitig deren Schwächen abmildert. Das war nur durch eine Kombination beider Systeme möglich. Demgemäß wurde im Jahr der großen Krise das System einer holokratischen Hierarchie entworfen und »Holohier« genannt: Aus beiden Systemen wurde das Beste extrahiert. Damit optimiert bei Stärkande die Holokratie die Hierarchie und die Hierarchie die Holokratie. Das eine System kompensiert das andere, aus zwei lahmenden Systemen wird ein agiles.

Geben Sie mir etwas Raum, um Ihnen das System etwas ausführlicher zu erläutern. Ich stelle Ihnen die einzelnen Elemente der Holohier vor und wie diese zusammenarbeiten. Damit sie die Holohier besser verstehen, habe ich ihnen den Aufbau von Stärkande und den einer Phyle in den Abbildungen 7 und 10 visualisiert.

Die Phylen, Phylarchinnen und Kreise

Maximal 150 Stärkanderinnen bilden gemeinsam eine Phyle. Jede Phyle hat einen Council. Dieser setzt sich aus den sogenannten Phylarchinnen zusammen. Die Phylarchinnen sind die Expertinnen für das Thema Führung bei Stärkande. Der Name »Phylarch« kam natürlich von Alia. Phylarchen waren die Vorsteher der agilsten Truppen im Athen des klassischen Zeitalters. Sie waren die Befehlshaber der Kavallerie und wurden aus den Phylen heraus gewählt.

Die Phylarchinnen haben drei Basisaufgaben: die Council-Arbeit, die Führung von Kreisen und die Koordination in der Boule (siehe unten). Im Council leiten die Phylarchinnen gemeinsam eine Phyle, im Council wird die Phyle koordiniert. Dort werden im Grunde die immer wieder auftretenden Herrschafts- und Verteilungsprobleme der Phyle behandelt: Wer darf über was entscheiden und wie werden die »Pflichten«, aber auch die »Belohnungen« zwischen den Projekten und Kreisen verteilt? Für die Steuerung und Koordination einer Phyle haben die Phylarchinnen etwa 30 Prozent ihrer Arbeitszeit zur Verfügung. Die Hälfte der Arbeitszeit arbeiten sie als Circle Leads (soziale Netzwerkadminstratorinnen) und übernehmen Führungsaufgaben in einem

Kreis. Das Neue und Spannende dabei ist, wie ein Kreis und eine Phylarchin zusammenkommen. Das wird auch noch einmal genauer in Axiom 12 beschrieben.

Die Phylarchin stellt sich keinen Kreis mit Mitarbeitenden zusammen. Die meisten Kreise existieren einfach schon oder entstehen durch neue Projekte, in denen sich Mitarbeitende selbstorganisiert zusammengefunden haben. Häufig hat auch Thufir Stärkanderinnen miteinander vernetzt. Deshalb suchen sich die Kreise eine Phylarchin aus, wenn sie glauben, dass ihr Kreis Führung benötigt. Wenn die Arbeit auch ohne eine Phylarchin gut zu bewältigen ist, dann dürfen die Kreise auch ohne »externe« Führung zusammenarbeiten. Diese Option wird häufig von kleinen Kreisen gewählt, also Kreisen von drei oder vier Personen. Hier ergibt externe Führung häufig keinen Sinn und wäre eher Verschwendung. Führung findet bei Stärkande on demand statt (siehe dazu mehr in Axiom 12). Der dritte Aufgabenbereich einer Phylarchin ist die Arbeit in der Boule. In der Boule koordinieren sich die Phylen und stimmen sich untereinander ab. Sie ist auch das Gremium, das die Kreise und Phylen mit den Archontinnen verbindet.

Jetzt wissen Sie, wer die Phylarchinnen sind und welche drei Aufgaben sie haben. Nun möchte ich Ihnen als nächstes die Arbeit der Kreise erläutern. Wie in Abbildung 7 dargestellt, besteht eine Phyle aus Kreisen. Viele thematisch ähnliche Kreise werden also in einer Phyle zusammengefasst. In einem Kreis arbeiten Stärkanderinnen zusammen, die im Zuge eines Projekts ein gemeinsames Ziel haben oder deren Rollen eng zusammengehören. Mitarbeitende können Mitglied in mehreren Kreisen sein. Dadurch existieren Multiteamsituationen und es entstehen Überschneidungen zwischen den Kreisen, was ausdrücklich erwünscht ist (siehe Abb. 7). Meist entstehen die verschiedenen Zugehörigkeiten durch das 60/20/10/10-plus-one-Prinzip. Die Routinearbeiten werden in einem Kreis durchgeführt, die Kreativitäts- und Implementationsarbeiten in einem anderen. Dadurch sind die Kreise personell stark vermischt, sodass die Gefahr von Subgruppenbildungen, starren Abteilungen und Silodenken weniger stark besteht. Auch besteht die Möglichkeit, einen Kreis mit Mitgliedern aus verschiedenen Phylen zu besetzen. Besteht ein solcher Kreis über mehr als sechs Monate, dann muss sich der Kreis entscheiden, zu welcher Phyle er organisational gehören möchte, damit er im Council mit seinen Anliegen langfristig vertreten werden kann und voll auf die Unterstützung der Supporterinnen zurückgreifen kann. Stärkanderinnen sollen möglichst viel Zeit für die Arbeit in den Kreisen zur Verfügung haben. Deswegen brauchen sie Unterstützung und die gewähren die Supporterinnen.

Die Supporterinnen

Jede Phyle hat ihre Supporterinnen, die ein fester Bestandteil jeder Phyle sind. An dieser Stelle hat sich Alia mit ihren gewöhnungsbedürftigen griechischen Namen zurückgehalten und so wurde es ein englischer. Ohne die Supporterinnen kann keine Phyle überleben, deswegen sind die Supporterinnen bei den Stärkanderinnen hoch angesehen. Die Support-Crew unterstützt die Phyle und ihre Kreise bei ihrer Arbeit und arbeitet eng mit Thufir zusammen. Sie sorgt dafür, dass die Stärkanderinnen in den Kreisen möglichst viel Zeit haben, um sich um ihre fachlichen Aufgaben zu kümmern. Die Anzahl der Supporterinnen bestimmt sich durch die Größe der Phyle. Für acht Stärkanderinnen in einer Phyle, die fachlich arbeiten, wird der Phyle eine Supporterin gewährt. Acht Personen arbeiten häufig in einem Kreis zusammen. Die Phylen bestimmen selbst, welche Aufgaben die Supporterinnen übernehmen. Das ergibt Sinn, denn jede Phyle bearbeitet andere Projekte und Produkte, also sind die Anforderungen und der Bedarf an Unterstützung in jeder Phyle unterschiedlich. Auch arbeiten die Phylen unterschiedlich intensiv mit Thufir zusammen.

Die Supporterinnen übernehmen vor allem Aufgaben, die in mehreren Kreisen gleichzeitig auftreten und dort für Entlastung sorgen. In den großen Phylen werden häufig zwei bis drei Supporterinnen eingestellt, die HR-Aufgaben erledigen. Diese helfen z. B. bei der Auswahl von Mitarbeitenden und unterstützen die Phylarchinnen bei den Führungs- und Koordinationsaufgaben. Alle HR-Mitarbeitenden haben eine Weiterbildung als Coach und Scrum-Master. Auch gehört es zum Standard, dass sich zwei bis drei Personen auf das Thema Controlling und Recht spezialisiert haben. Sie prüfen die Arbeit von Thufir in diesem Bereich und beraten die Phylen-Mitglieder bei diesen Themen. In den Phylen, in denen wenige IT-lerinnen arbeiten, gibt es auch einen Support für den Bereich der IT. Die Kreise in der Schreinerei und Schlosserei gönnen sich dazu eine zentrale Einkäuferin für die Materialien, die beschafft werden müssen, sodass diese Aufgaben nicht durch die Schreinerinnen selbst übernommen werden müssen. Sie sehen, jede Phyle bekommt so den Support, den sie braucht, und dennoch gibt es als Ergebnis weniger Jobs, die niemand braucht. Und insgesamt lohnt sich das sogar wirtschaftlich: Es gibt bei Stärkande keine überdimensionierten Abteilungen (z. B. für den Einkauf). Das Verhältnis zwischen Menschen, die direkt am Produkt oder mit den Kundinnen arbeiten, gegenüber der »Verwaltung« ist bei Stärkande viel günstiger als in den meisten anderen Unternehmen, die ich kenne.

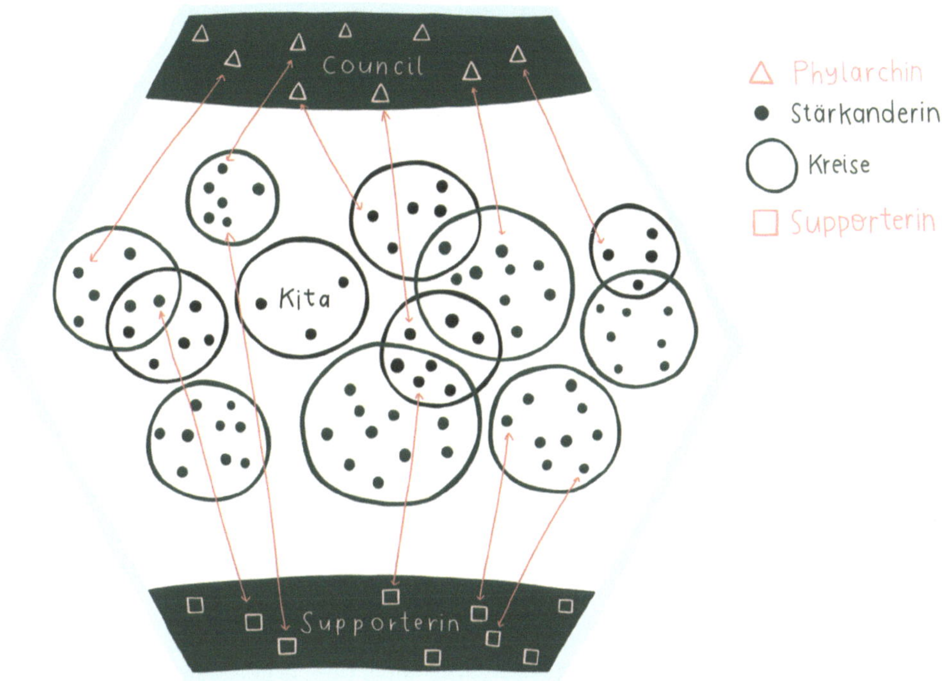

Abb. 7: Aufbau einer Phyle als Wabe

Der Council einer Phyle

Kommen wir zum nächsten wichtigen Organ einer Phyle. Die Phylarchinnen einer Phyle bilden den Council. Der Council trifft sich zweimal pro Woche zu einem etwa zweistündigen Meeting. Im ersten Meeting (meistens montags) berichten die Phylarchinnen aus den Kreisen. Aus jedem Kreis wird informiert, an welchen Aufgaben er gerade arbeitet, welche Herausforderungen er hat und bei welchen Aufgaben er Hilfe benötigen könnte. Kreise, die ohne Phylarchin arbeiten, müssen hier eine Vertreterin entsenden und dafür genügend Zeit einplanen.

Meistens findet donnerstags das dreiteilige Governance-Meeting statt, hier geht es um die Steuerung der Phyle sowie um die Lösung etwaiger Herrschafts- und Verteilungsprobleme. Im ersten Teil werden die fachlichen und organisatorischen Herausforderungen, die die Phyle betreffen, besprochen. Im zweiten Teil stehen die vier Dimensionen des psychologischen Empowerments im Fokus. Es wird beraten, wie das Erleben von Sinn, Kompetenz, Selbstbestimmung und Einfluss derzeit gefördert werden. Häufig steht eine der Dimensionen besonders im Fokus. Der letzte Teil dient der Vorbereitung des Boule-Meetings.

Die Kindertagesstätte einer Phyle

Vielleicht haben sie das in der Wabe wahrgenommen (Abbildung 7): Das vierte Organ einer Phyle ist die Kita, jede Phyle hat eine. Die Stärkanderinnen müssen nicht mehr auf einen Kita-Platz in Wiesbaden hoffen, denn diese Hoffnung wurde zu oft enttäuscht. Da in der Philosophie von Stärkande ein gutes Leben durch die Vereinbarkeit von Beruf und Karriere erleichtert wird, gehören die Kinder zur Gemeinschaft von Stärkande. Wenn die Phyle noch klein ist, dann werden die kleinen Stärkanderinnen von einer Tagesmutter betreut. Wenn genügend Plätze zur Verfügung stehen, dann können die Plätze auch an Kinder von Eltern vergeben werden, die nicht für Stärkande arbeiten.

Kitaplätze existieren direkt im Unternehmen. Und das Angebot ist gut. Wie Sie in Abbildung 7 sehen können, ist die Kita mitten in einer Phyle positioniert. Das wird organisatorisch so gelebt, aber auch räumlich befinden sich die Kita-Räume in einer zentralen Lage. Eltern können ihre Kinder schnell erreichen, wenn sie etwa ihre Mittagspause mit ihnen verbringen möchten. Die Kinder werden nicht als Ablenkung, sondern als Inspiration begriffen. Zwar sind Kinder manchmal laut, dagegen sind die Kitaräume hervorragend schallisoliert.

Die Erzieherinnen verstehen sich als Stärkanderinnen und leben die Kultur von Stärkande (siehe Axiom 16). Vor allem der Pioniergeist und das psychologische Empowerment der Kinder soll gefördert werden. Dafür dürfen die Kinder die Kreativräume der Stärkanderinnen nutzen, wenn sie frei sind.

Abb. 8: Die Kita einer Phyle

Die Boule und die Archona

Die Archontinnen bilden zusammen die Archona, sie ist das operative Leitungsgremium von Stärkande. Die Archontinnen haben ähnlich wie Vorständinnen in anderen Organisationen Spezialgebiete, das erleichtert unter anderem den Austausch mit Netzwerkpartnerinnen mit einem klassischen Organisationsaufbau. So gibt es einen Archonten für Personal und Empowerment (Raphael), eine Archontin für Finanzen (Alia) sowie eine für Digitalisierung und Innovation (Jessica). Das Archonat für Marketing und Kundinnenzufriedenheit wird von Clara Stenzel vertreten. Die Archona trifft sich mindestens einmal pro Woche.

Die Boule setzt sich aus jeweils zwei Phylarcheninnen, die ihre Phyle vertreten, sowie den Archontinnen zusammen. Dazu kommen Vertreterinnen aus dem Betriebsrat und wissenschaftliche Beirätinnen (jeweils zwei). Die Boule ist die Klammer zwischen den Archontinnen und den Phylen: Hier werden Informationen ausgetauscht und Entscheidungen getroffen, die vertikal, aber auch horizontal für Stärkande bedeutsam sind. Lassen Sie mich Ihnen kurz den Unterschied zwischen vertikalem und horizontalem Informationsaustausch erläutern:

INFORMATIONSAUSTAUSCH IM BOULE-MEETING

Vertikal
Der erste Teil eines Boule-Meetings ist der vertikalen Kommunikation gewidmet. Damit sind Informationen und Entscheidungen gemeint, die zwischen den Archontinnen und Phylen ausgetauscht werden, hier geht es um die Kommunikation aus dem Zentrum in die Peripherie sowie aus der Peripherie zurück ins Zentrum. Für Stärkande ist es enorm wichtig, dass Informationen aus den Kreisen bei den Archontinnen und der generellen Support-Crew ankommen. Wie weit ist Kreis X mit seiner Innovation gekommen? An welcher Stelle braucht der Kreis Unterstützung oder Ressourcen? Bei dieser Kommunikation existiert eine sehr wichtige Regel: Informationen dürfen nicht wie in klassischen Hierarchien beschönigt werden. Die Informationen müssen frei aus der Peripherie in das Zentrum diffundieren. Dasselbe gilt aber auch für die Kommunikation aus dem Zentrum in die Phylen. Die Archontinnen und die generelle Support-Crew (siehe Beschreibung unten) haben immer wieder Informationen, die für alle Phylen und Kreise wichtig sind. Auch diese Informationen werden ohne Beschönigungen oder mikropolitische Färbungen kommuniziert. Stärkanderinnen haben das Ziel, in ihrer Gemeinschaft ehrlich miteinander zu sein. Informationspathologien, also Informationen, die nicht adäquat produziert oder weitergegeben werden, sollen bei Stärkande unbedingt verhindert werden.

Horizontal

Horizontale Informationen und Entscheidungen stehen im Zentrum des zweiten Teils des Boule-Meetings. Das sind solche Informationen und Entscheidungen, die für alle Phylen und deren Koordination wichtig sind. Welche Informationen aus einer Phyle sind auch für die Arbeit in einer anderen Phyle wichtig? Welche Erkenntnisse aus einer der Waben in Abbildung 7 ist auch für eine andere Wabe wichtig und sollte sich dort hin ausbreiten? Welchen Fehler müssen andere Phylen nicht selbst begehen? Die horizontale Kommunikation hilft der Kompetenzentwicklung der Phylen erheblich, sie werden insgesamt schlauer.

Das Boule-Meeting findet einmal pro Woche statt und wird von einer dafür ausgebildeten Mitarbeitenden moderiert. Die Moderatorin gehört nicht ständig der Boule an. Mitglieder des wissenschaftlichen Beirats haben das Recht, jederzeit an einer Boule teilzunehmen. Alle Mitglieder einer Boule haben im Meeting dasselbe Stimmrecht, die Stimme der Phylarchinnen zählt genauso viel wie die der Archontinnen. Derzeit besteht Stärkandes Boule aus 16 Phylarchinnen und den vier Archontinnen, dazu kommen die Vertreterinnen aus dem Betriebsrat und dem Beirat. Für wichtige Entscheidungen – und das sind in der Regel solche, die mehr als 25 Stärkanderinnen oder mehr als 500.000 Euro betreffen –, müssen sich die Archontinnen mit der Boule besprechen. Gibt es unterschiedliche Meinungen, dann muss ein Vorschlag eine einfache Mehrheit erreichen, um angenommen zu werden.

Die Boule-Meetings sind nicht nur für die Phylarchinnen, sondern vor allem für die Archontinnen wichtig. Wie Sie in Abbildung 10 erkennen können, stehen die Archontinnen im Zentrum von Stärkande, gleichzeitig sind sie damit aber am weitesten vom Markt und von der Umwelt entfernt. Die Phylen haben direkten Austausch mit den Kundinnen und dem Markt, die Archontinnen häufig nur indirekt. Zwar sind die Archontinnen nicht so weit entfernt vom Markt wie die Vorständinnen eines klassischen Unternehmens. Dennoch sind sie auf die Informationen der Phylen angewiesen, um gute Entscheidungen treffen zu können. Diese Informationen bekommen sie unter anderem in den Boule-Meetings.

Abb. 9: Die Stärkanderinnen bei einem Boule-Meeting

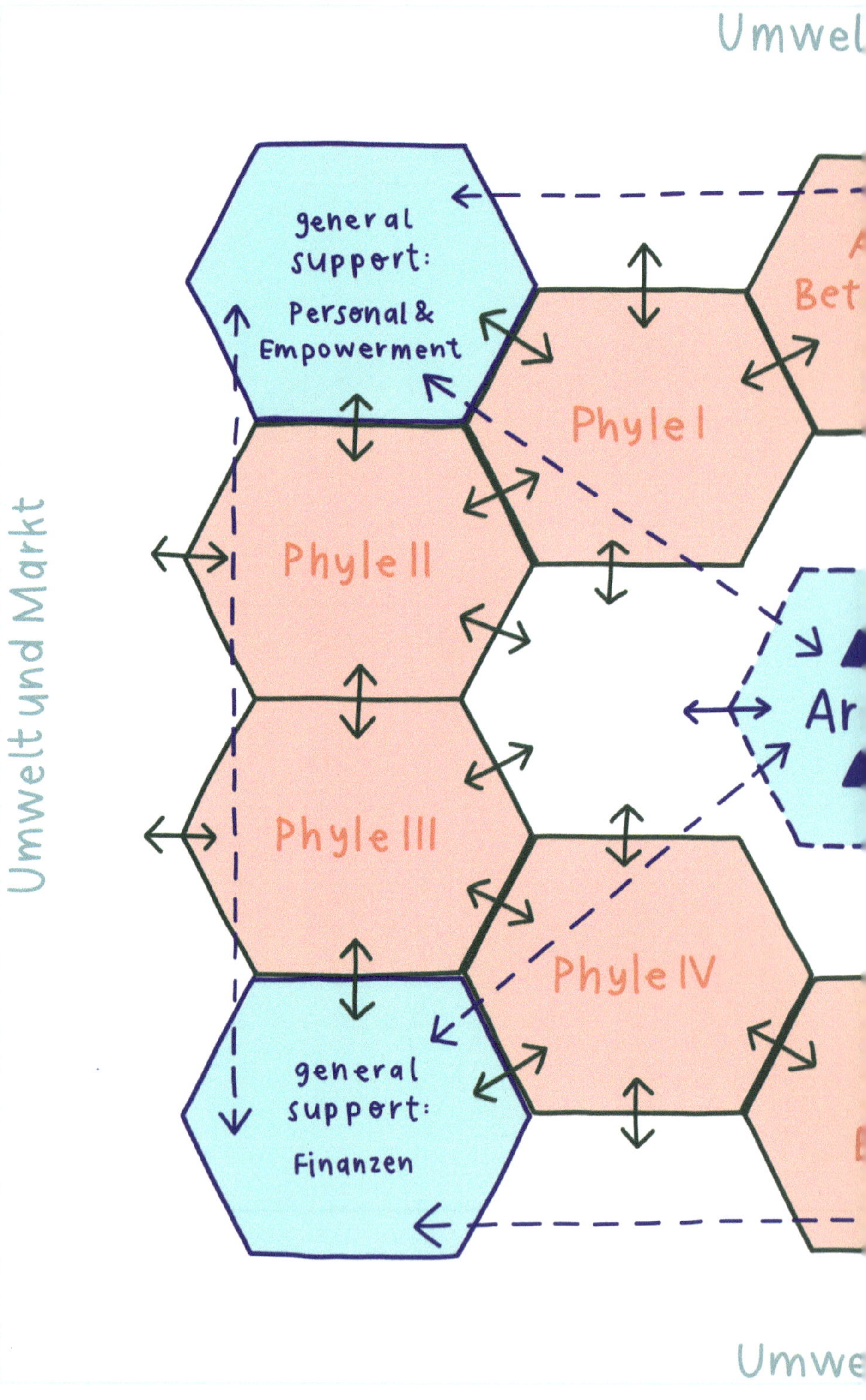
general support: Personal & Empowerment
Phyle I
Phyle II
Phyle III
Phyle IV
general support: Finanzen
Umwelt und Markt

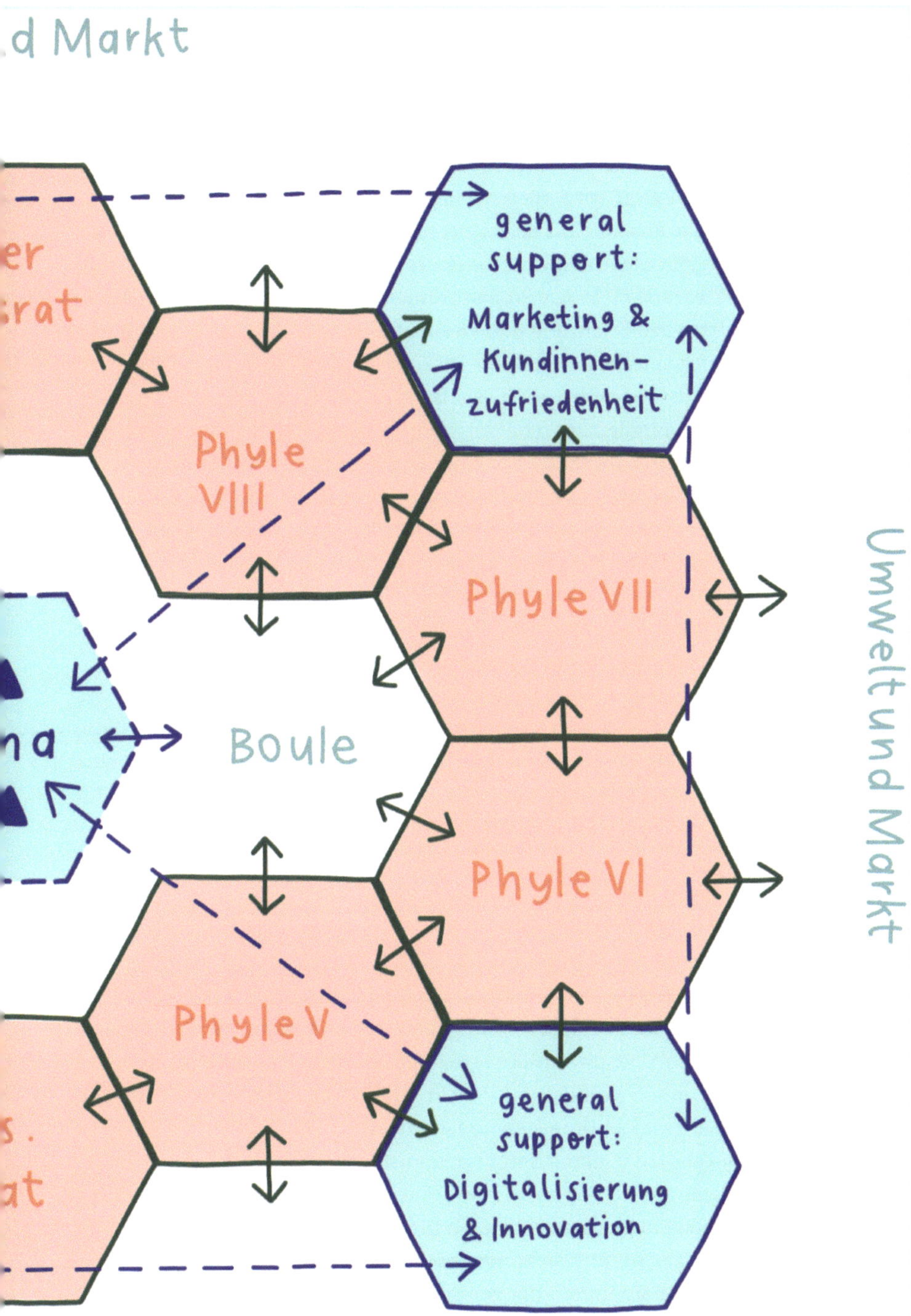

Abb. 10: Die Organe von Stärkande (aktueller Stand, aufgrund der »Geburt« neuer Phylen verändert sich die Abbildung kontinuierlich)

Der wissenschaftliche Beirat

Der wissenschaftliche Beirat wird auch als »Rat der Weisen aus fernen Ländern« bezeichnet, er besteht aus vier bis sechs Personen, die über besonderes Wissen verfügen, das wichtig für die Arbeit in den vier Produktbereichen ist. In den wissenschaftlichen Beirat werden nicht nur Professorinnen gewählt, sondern auch andere Expertinnen, die extensive Erfahrung und Wissen besitzen und dieses gekonnt vermitteln können. Dafür sind keine Titel der Universitätswelt notwendig. Die Arbeit als Beirätin findet nebenberuflich statt, sie ist sehr beliebt in der Welt des Wissens. Wenn ein Beiratsmitglied ausscheidet, dann bewerben sich in der Regel über 100 Menschen um eine freiwerdende Position. Das liegt nicht nur daran, dass die Arbeit vielen Beirätinnen Spaß macht, sie ein gutes Gehalt und für jedes Jahr Beiratsarbeit Unternehmensanteile erhalten. Denn letztlich ist es vor allem eine große Ehre, wissenschaftliche Beirätin von Stärkande zu sein.

Mindestens eine Beirätin muss ihr Expertisegebiet im Bereich des psychologischen Empowerments haben. Diesen Expertisebereich besetze derzeit ich. Die anderen Kolleginnen sind zumeist Expertinnen in einem der vier Produktbereiche von Stärkande. Elisa Borkende etwa ist Professorin für Innenarchitektur und hat ihren Schwerpunkt auf die Gestaltung moderner Büroflächen gelegt. Da sie auch eine Schreinerinnenlehre abgeschlossen hat, ist sie eine wichtige externe Ratgeberin für die Stärkanderinnen in der Möbelproduktion.

Die generelle Support-Crew

In den Phylen gibt es Supporterinnen, über deren Einsatz und Besetzung die Phylen selbst entscheiden. Doch existieren Aufgaben und Anfragen, die das Gesamtunternehmen betreffen und phylen-übergreifend bearbeitet werden sollten. Die generellen Supporterinnen sind daher für nicht direkt produktbezogene Aufgaben zuständig, die für das gesamte Unternehmen wichtig sind. Sie sind ebenfalls in Kreisen organisiert und stehen in einem intensiven Austausch mit den Supporterinnen in den Phylen. Die generellen Support-Crews sind nicht die Kontrollinstanz für die Supporterinnen in den Phylen, sondern deren Dienstleisterinnen. Wenn z. B. im HR-Bereich ein neuer Vertrag für Phylarchinnen benötigt wird, der für alle Phylen funktionieren muss, dann übernehmen die generellen Supporterinnen diese Aufgabe. Wenn eine generelle Marketingkampagne geplant wird, dann übernimmt der Marketingkreis der generellen Support-Crew hier die Koordination. Kurz gesagt, die generelle Support-Crew hilft anderen dabei zu helfen. Thufir etwa wird in der generellen Support-Crew für Digitalisierung programmiert und weiterentwickelt.

Weiterhin sind die Support-Crews Dienstleisterinnen für die Boule und bereiten die Boule-Meetings operativ vor (vor allem diejenigen Entscheidungen, die mehr als 25 Stärkanderinnen oder mehr als 500.000 Euro betreffen). Auch sind sie mit ihrer Expertise die Partnerinnen für die Archontinnen. Jede generelle Support-Crew ist einer Archontin zugeordnet, der sie inhaltlich nahestehen. Die Archontinnen führen die Crews wie Phylarchinnen die Phyle führen. Die Supporterinnen treten als Beraterinnen für die Archontinnen auf und unterstützen sie bei ihrer Arbeit.

Axiom Nr. 10: Der Betriebsrat als agiler Kreis, der die Stärkanderinnen vor sich selbst schützt

Wie viele andere Unternehmen wurde auch Stärkande ohne eine Arbeitnehmervertretung gegründet. Bis heute hat sich der Betriebsrat einen wichtigen Platz im Stärkande-System erarbeitet (siehe Abb. 10), der nicht nur den gesetzlichen Aufgaben, sondern auch den Anforderungen an Betriebsräte in der VUKA-Welt des 21. Jahrhunderts entspricht. – Ich möchte Ihnen kurz erläutern, wie Stärkande zu seinem Betriebsrat gekommen ist und welche vitalen Funktionen er aktuell bei Stärkande erfüllt.

In der Schreinerei von Karl Stärkande gab es jahrzehntelang einen Betriebsrat, er nahm einen selbstverständlichen und selbstbewussten Platz im Unternehmen ein. Karl Stärkande und der Betriebsratsvorsitzende Uwe Kacmarek rasselten manchmal aneinander, aber im Grunde funktionierte die Zusammenarbeit mit der Arbeitnehmervertretung gut. Mit der Eingliederung der Schreinerei in das IT-Unternehmen der Schwestern zog auch deren Betriebsrat in das Gesamtunternehmen ein. Raphael berichtete, dass dies von den Archontinnen und der Boule begrüßt wurde. Als das Unternehmen wuchs, erkannten die Archontinnen, dass für manche Themen eine stellvertretende Partizipation effizienter funktionieren könnte als eine direkte.

Nach der Fusion arbeitete die Boule konzentriert zwei Tage mit dem neuen Betriebsrat in einem Hotel im Odenwald zusammen. Ziel der extern moderierten Workshops war es, einen sinnvollen Platz für den Betriebsrat im holohierarchischen Organisationssystem von Stärkande zu finden und die wechselseitigen Erwartungen zu klären. Auf der Seite der Archontinnen und der Boule kristallisierten sich vor allem zwei Erwartungen heraus:

1. Der Betriebsrat sollte für alle Stärkanderinnen da sein. Dafür war es notwendig, dass die Betriebsrätinnen aus der Möbelproduktion ihr Betriebsrats-Know-how mit den Kolleginnen anderer Phylen teilten und dass auch Kolleginnen aus anderen Teilen des Unternehmens in den Betriebsrat gewählt wurden.

2. Der Betriebsrat sollte eine agile Arbeitsweise entwickeln. Schon damals war die Holohier etabliert. Raphael berichtete, dass die Boule es als unmöglich ansah, dass das gesamte Unternehmen in Schleifen arbeiten würde (siehe Axiom 17), aber der Betriebsrat weiter die Wasserfallmethode benutzt. Hier brauchte es in der Perspektive der Boule agile und flexible Arbeitsmethoden, die zur Arbeitsweise des Unternehmens passen.

Der Betriebsrat war bereit, beide Erwartungen zu erfüllen, und die Kolleginnen bekamen ein Angebot zu Schulungen im Bereich agiler Projektarbeit. Wahrscheinlich wurde so der Stärkande-Betriebsrat der erste agile Betriebsrat Deutschlands.

Doch auch der Betriebsrat formulierte während der zwei Tage im Odenwald Erwartungen. Die Betriebsrätinnen kannten und verstanden das Organisationssystem von Stärkande. Sie akzeptierten es und sahen es als einen erfolgreichen Weg an, die Zusammenarbeit der Stärkanderinnen und des Unternehmens zu organisieren. Aber die Betriebsrätinnen wollten einen ernsthaften und sinnhaften Platz in diesem System einnehmen. Bei Stärkande existiert reichlich direkte Mitbestimmung und das wurde wertgeschätzt, doch der Betriebsrat wollte kein Gremium mit einer Mitbestimmung zweiter Klasse werden. Deswegen formulierte er die Erwartung, dass seine Mitbestimmung empowernd gestaltet werden sollte: Der Betriebsrat wollte – wie einzelne Mitarbeitende auch – vor allem Sinn und Einfluss erleben. Um das ernsthaft zu erreichen, forderte der Betriebsrat, dass er zwei Mitglieder in die Boule-Meetings entsenden kann. Er wollte also dieselbe Macht wie eine Phyle haben. Um diese Erwartungen zu erfüllen, wurde den Beteiligten im Odenwald schnell klar, dass sie eine Rollenklärung vornehmen mussten und eine Antwort auf die folgenden Fragen brauchten:

- Bei welchen Themen und Prozessen ergeben direkte Demokratie und Mitbestimmung Sinn?
- Bei welchen Themen ist es besser, die stellvertretende Mitbestimmung über die gewählten Vertreterinnen des Betriebsrats zu aktivieren?

Die Position und tägliche Arbeit des Betriebsrats in einer Holohier im Detail zu erklären, würde den Rahmen dieses Berichts sprengen. Aber ich möchte zumindest umreißen, für was der Betriebsrat bei Stärkande zuständig ist. Zunächst erfüllt er seine gesetzlichen Aufgaben laut § 80 des Betriebsverfassungsgesetzes. Er wacht zum Beispiel darüber, dass allgemeine Verordnungen und Gesetze sowie Betriebsvereinbarungen beachtet werden (§ 80, Absatz 1) sowie Maßnahmen im Bereich Arbeitsschutz und Umweltschutz gefördert werden (§ 80, Absatz 9). Der Betriebsrat ist bei Stärkande ein Experte für Gesetze und Verordnungen, die die Mitarbeitenden betreffen. Die Archontinnen und Phylarchinnen bemerkten schnell, wie wichtig und hilfreich diese Expertise in einem großen Unternehmen ist. Bevor neue Arbeitsprozesse bei Stärkande initiiert werden, wird deshalb der Betriebsrat dazu gehört. Er wird in die Schleifen-Reviews integriert und gibt ein Feedback, ob den neuen Prozessen eine gesetzliche Grundlage widerspricht. In vielen HR-Projekten sind aber Betriebsrätinnen von Anfang an involviert und wirken den gesamten Prozess über mit.

Der Betriebsrat ist heute für seine arbeitsrechtliche Expertise so bekannt, dass manche Betriebsrätinnen sogar in Kreise involviert werden, die neue IT-Produkte entwickeln. Schließlich produziert Stärkande HR-Software und solche Softwareprodukte dürfen weder Arbeitnehmerrechte noch die DSGVO verletzen. Hier wissen die IT-lerinnen oft zu wenig und holen sich deswegen eine geschulte Betriebsrätin als Feedbackpartnerin. Wichtig wird die Regelexpertise der Betriebsrätinnen auch bei den Bureaucracy Bustern (siehe Axiom 19).

Ein weiteres Expertisegebiet des Betriebsrates ist die Gleichstellung von Frauen und Männern (§ 80, Absatz 2a), die Eingliederung von Schwerbehinderten (§ 80, Absatz 4) sowie die Integration internationaler Mitarbeiterinnen (§ 80, Absatz 7). Erneut wird der Betriebsrat hier nicht als Kontrollinstanz wahrgenommen, die die Arbeit behindert, sondern als Institution, die bei Stärkande wichtige Themen vorantreibt und in den Schleifen wertvolles Feedback gibt. Bildlich gesprochen stehen die Betriebsrätinnen nicht auf der Empore und schreien den anderen Mitarbeitenden (z. B. aus den Support-Crews) zu, was sie alles falsch machen. Nein, der Betriebsrat stellt die Expertinnen für die Themen Gleichstellung und Integration, sie kennen die Gesetze sowie den neuesten Forschungsstand und werden so zu einer wichtigen Beratungsinstanz.

Deswegen hat der Betriebsrat in seiner eigenen Rollenklärung auch die Expertisen zwischen den Kolleginnen aufgeteilt. Wird z. B. ein neues strukturiertes Interview für die Personalauswahl entwickelt, dann wird die Diskriminierungsexpertin des Betriebsrates frühzeitig involviert und kann ihre Meinung in einem Schleifen-Review einspeisen. Wie Sie sehen, interpretieren die Betriebsrätinnen ihre gesetzlichen Aufgaben sehr viel proaktiver und partnerschaftlicher, als das in anderen Unternehmen der Fall ist. Auch müssen sie weniger Expertise für mikropolitische Prozesse vorweisen, sondern vielmehr Expertinnen für eines der Themen sein, die der Gesetzgeber als Aufgabengebiet für den Betriebsrat vorgesehen hat. Diese Haltung und Expertise ist extrem wichtig und wird von den Stärkanderinnen berücksichtigt, wenn sie ihre Expertinnen für den Betriebsrat wählen. Der Betriebsrat von Stärkande kümmert sich mit einer agilen, proaktiven und partnerschaftlichen Haltung darum, die vom Gesetzgeber vorgesehenen Aufgaben zu erfüllen. Doch die Stärkanderinnen, die im Betriebsrat arbeiten, haben noch zwei weitere wichtige Tätigkeitsbereiche für sich identifiziert.

Sie sehen sich als Fördererinnen des psychologischen Empowerments der Mitarbeitenden. Der Betriebsrat will das Unternehmen mit seiner Mitarbeitendenexpertise so stimulieren, dass die Mitarbeitenden mehr Bedeutsamkeit, Selbstbestimmung, Einfluss und Kompetenz erleben können – er sieht sich geradezu als Thinktank für das Thema Empowerment. Beachtlich viele Initiativen in diesem Bereich stammen aus dem Betriebsrat: Zum Beispiel hat der Betriebsrat die Idee eingebracht, dass bei Stärkande Empowerment-Coachings eingeführt werden oder dass Mitarbeitende Onlinemeetings selbstbestimmt verlassen dürfen, wenn sie feststellen, dass es für sie keinen Sinn ergibt.

Noch ein Tätigkeitsbereich des Stärkande-Betriebsrats ist außergewöhnlich: Er hat die Aufgabe, die Mitarbeitenden vor den negativen Effekten der Selbstorganisation zu schützen. In anderen Unternehmen sind Betriebsräte vornehmlich dafür da, die Mitarbeitenden vor der Willkür und den negativen Auswirkungen von Führung zu schützen, nicht so bei Stärkande. Denn hier wird Führung on demand praktiziert (siehe Axiom 12), die Stärkanderinnen holen sich Führung, wenn sie sie brauchen. Wird die Führung als unbrauchbar erlebt, kann man sie also auch wieder loswerden – einfach indem man sie nicht weiter anfragt. Dafür benötigen die Stärkanderinnen also keinen Betriebsrat.

Anders sieht es beim Thema Selbstorganisation aus. Die Stärkande-Betriebsräte kennen die verschiedenen Nebenwirkungen der Selbstorganisation und stehen hier als Ansprechpartnerinnen zur Verfügung und werden aktiv. Raphael hat mir viele Fälle geschildert, bei denen er mit dem Betriebsrat zusammengearbeitet hat. So geriet etwa ein Mitarbeiter in eine Schleife der Selbstausbeutung: Er wollte niemandem absagen und machte deswegen in fast jedem Projekt mit, für das er angefragt wurde. Alle Warnungen, die die künstliche Intelligenz Thufir hinsichtlich der Anzahl der Projekte und dem Arbeitsvolumen aussprach, ignorierte der Kollege. »Was weiß schon eine KI, was ich alles leisten kann«, dachte der Kollege. Monat für Monat investierte er mehr seiner Freizeit, und das fiel niemandem außer Thufir auf. Doch Thufir darf solche Informationen nicht weitergeben, und es war keine Führungskraft da, die die Arbeitszeiten überwachte. Die Phylarchinnen hatten nur in einzelnen Projekten mit dem Kollegen zu tun. Dasselbe galt für die Kolleginnen in den Kreisen. Dadurch erschien die Arbeitsbelastung in den einzelnen Projekten als zumutbar.

Durch die vielen parallelen Projekte rutschte der Kollege nach und nach in ein Burnout. Er wurde immer erschöpfter, zynischer und die Leistungsfähigkeit sank, was zu Konflikten mit Kolleginnen führte. In seiner verzweifelten Situation wusste der Kollege, dass er sich an den Betriebsrat wenden konnte. Dieser startete eine Art Mediationsprozess. Als die Phylarchinnen und Kolleginnen während des Austauschs erkannten, welcher Arbeitsbelastung der Kollege ausgesetzt war, veränderte sich ihre Wahrnehmung der Konfliktgründe sofort und sie entwickelten Empathie. Der Betriebsrat besprach sich mit Raphael und sie stellten den Mitarbeiter von manchen Standardaufgaben frei, sodass er einige der Projekte mit mehr Zeit beenden konnte. In anderen Projekten wurde die Arbeit neu verteilt, sodass der Kollege aus ihnen ausscheiden konnte. Weiterhin erhielt der Betroffene ein Coaching, in dem er lernte, Projektanfragen mit weniger Schuldgefühlen abzulehnen und wie man bei Gesundheitsfragen produktiv mit Thufir zusammenarbeitet.

In einem anderen Fall schlitterte eine Kollegin in ein typisches Autonomieparadox. Autonomie hat erst einmal positive Konsequenzen für Menschen. Abhängig von den persönlichen Autonomiebedürfnissen und den Kompetenzen eines Menschen kann es aber zu einem Kipppunkt kommen, d. h. die Autonomie, die vorher noch entlastend gewirkt hat, wird zu einem Stressor. So ereignete es sich mit besagter Kollegin, die von einem klassischen Unternehmen zu Stärkande wechselte. Nach und nach verlor sie sich in der Autonomie. Sie fühlte sich zu Beginn schlecht eingewiesen, da ihr niemand sagte, was sie tun sollte. Sie wartete darauf, klare Arbeitsaufträge zu bekommen. Diese wollte sie abarbeiten, um dann ein Lob von einer Phylarchin zu erhalten. Aber niemand kam und sagte ihr, was sie z. B. in ihrer Kreativitätszeit tun sollte. Vor allem die Planungsaufgaben überforderten sie: Ihr fehlte Struktur. Für die anderen Kolleginnen schien so vieles klar zu sein. Für sie persönlich war Stärkande ein unübersichtliches Autonomiemonster. Mit ihren Problemen wandte sie sich an den Betriebsrat. Sie fühlte sich dort verstanden. Der Betriebsrat sprach mit der Sponsorin[15] der Kollegin und auch mit denjenigen Kolleginnen, die den Auswahlprozess begleitet hatten.

Es kam heraus, dass die Dimension »Empowerment-Fähigkeit« schon im Auswahlprozess als eher niedrig bewertet worden war. Die Kollegin wurde trotzdem eingestellt, weil die Phyle unbedingt eine Java-Software-Developerin benötigte. Das war eine grobe Missachtung der Auswahlpraxis bei Stärkande. Der Betriebsrat organisierte ein klärendes Gespräch zwischen zwei Phylarchinnen, Raphael und der Kollegin. Die Phylarchinnen verstanden das Problem. Als Lösung wurde die neue Kollegin erst einmal in einen übersichtlichen Kreis integriert, dessen Software-Produkt schon mehrere Jahre bei Stärkande vertrieben wurde. Auch erhielt sie ein Coaching. Zusätzlich wurden ihr zwei Mentorinnen zur Seite gestellt, die ihr bei dem Kennenlernen von Stärkande und dem Thema Autonomie zur Seite standen. Klar blieb aber auch, dass all schon direkt nach der Einstellung hätte passieren müssen. An dieser Stelle hatten die Stärkanderinnen etwas falsch gemacht und der Betriebsrat konnte dazu beitragen, die Situation zu heilen.

Der Betriebsrat der Stärkanderinnen ist kein Gremium, das seinen Zuständigkeitsbereich im »Nein-Sagen« sieht. Stattdessen handelt er proaktiv für die Gemeinschaft der Stärkanderinnen. Er arbeitet an den Themen, die in der VUKA-Welt Herausforderungen produzieren, denn aus der früher üblichen Fremdausausbeutung droht heute eine Selbstausbeutung zu werden. Die Ausbeuterin thront nicht mehr im Vorstandsbüro am Eichentisch, sondern sie sitzt im eigenen Kopf. Aus zu viel Kontrolle kann zu viel Freiheit werden. Freiheit kann ängstigen, kann stressen. An den Problemen der Selbstausbeutung und diesen Ängsten arbeitet der Betriebsrat des 21. Jahrhunderts und hilft, diese mit Blick auf ein gutes Leben und ein erfolgreiches Unternehmen zu lösen.

Axiom Nr. 11: Das Wachsen in Positionen bei Stärkande: Vorschlag statt Wahl sowie Struktur statt Bauchgefühl

Wie kann sichergestellt werden, dass die verantwortlichsten Positionen in der Holohier mit den dafür geeignetsten Stärkanderinnen besetzt werden? Raphael berichtete von der großen Herausforderung und dass die Ergebnisse von Luthans und Kollegen dabei einen großen Einfluss hatten. Die Forscher hatten herausgefunden, dass vor allem diejenigen Personen Karriere machen, die sich stark in der Organisation vernetzen und mikropolitisch geschickt agieren. Die Karrieristinnen knüpfen Kontakte und treffen sich mit wichtigen Menschen im und außerhalb des Unternehmens. Sie investieren viel Arbeitszeit dafür, bekannt zu werden und wichtig zu erscheinen. Viel weniger Zeit wenden die Karrieristinnen aber für HR-Themen wie Motivierung, Konfliktmanagement oder Personalauswahl auf. Auch bleibt die Kommunikation mit den Mitarbeitenden auf der Strecke. Die Karrieristinnen haben schlicht und einfach keine Zeit dafür. Sie müssen sich um ihr Image und ihr Fortkommen kümmern. Durch diese Vernachlässigung sind die Teams der Karrieristinnen weniger zufrieden und erfolgreich. Team-Zufriedenheit und -Erfolg scheinen aber offenbar in großen Konzernen und Verwaltungen keine wichtigen Kriterien, um schnell aufzusteigen.[16]

Diese Art von egoistischem »Karrieristinnenverhalten« wollten Alia, Jessica und Raphael bei der Besetzung von Positionen unter allen Umständen verhindern. Schnell war der Vorschlag ausgesprochen, die Archontinnen und Phylarchinnen von den Mitarbeitenden wählen zu lassen. Und das ließ sich nicht leicht ablehnen, denn schließlich ist das Unternehmen stark demokratisch orientiert. Folglich wurde beschlossen, bei Stärkande alle Menschen mit Führungsverantwortung zu wählen.

Ich erinnere mich gut daran, wie betreten und betroffen Raphael auch noch viele Jahre danach über das Wahlsystem sprach. Denn das ging mächtig schief. Während sich in Hierarchien die Karrieristinnen durchsetzen, die sich häufig mit ihren Vorgesetzten treffen, setzten sich im Wahlsystem die Kolleginnen durch, die erfolgreich Wahlkampf machten. Die Stellen wurden nicht mit den fähigsten Kolleginnen besetzt, sondern mit den kompetentesten Wahlkämpferinnen. Die Fähigkeiten, die man braucht, um sich in einem Wahlkampf durchzusetzen, sind aber nicht unbedingt diejenigen, um erfolgreich in einem Council oder der Boule mitzuarbeiten oder empowerment-orientiert einen Kreis zu leiten.

Besonders bizarr ging es in den sechs Monaten vor der Wahl zu. Viele Kolleginnen stellten die Arbeit ein und widmeten sich voll und ganz ihrem Wahlkampf. Unangenehme Entscheidungen, die Wählerstimmen kosten könnten, wurden ausgesessen und in die Zeit nach der Wahl verschoben. Die Zusammenarbeit bei Stärkande wurde durch die Wahlen blockiert. Auch litt die Gemeinschaft, die den Stärkanderinnen so wichtig ist. Es blieben Wahlkampfwunden und wiederholt verließen unterlegene Kolleginnen das Unternehmen. Die Wahl der Phylarchinnen und Archontinnen wurde von Raphael im Rückblick als eine einzige Katastrophe bezeichnet. Doch eine autoritäre Ernennung kam für Stärkande ebenso wenig in Frage. Also musste ein neuer Prozess erfunden werden.

Als Ergebnis dieser Prozessfindung wird man bei Stärkande weder in eine Position gewählt noch von einer höheren Hierarchieebene ernannt (bei der man sich etwa ein paar Monate lang gezielt hätte »einschleimen« können). Stattdessen werden Mitarbeitende für eine Position vorgeschlagen. Jedes Jahr finden nun zwei unternehmensweite Mitarbeitendenbefragungen statt. Dabei wird beispielsweise das psychologische Empowerment der Stärkanderinnen gemessen. Jede Mitarbeitende darf bei jeder Befragung drei Stärkanderinnen vorschlagen, bei denen er oder sie in den letzten sechs Monaten die Kompetenzen beobachten konnte, die man bei Stärkande für den Job als Phylarchin braucht. Es dürfen Stärkanderinnen genannt werden, die bereits als Phylarchinnen arbeiten, aber auch Kolleginnen aus den Kreisen, die man bei der Zusammenarbeit beobachten konnte.

Phylarchinnen haben eine Amtszeit von fünf Jahren. Sechs Monate bevor die Amtszeit ausläuft, werden die Vorschläge ausgewertet und ermittelt, welche Personen am häufigsten als kompetente Phylarchinnen benannt wurden. Diese Mitarbeitenden werden von den Archontinnen angesprochen, ob sie sich vorstellen könnten, die Position einer Phylarchin zu übernehmen oder als solche weiterzuarbeiten. Haben sich auf diese Weise drei nominierte, bereitwillige Personen gefunden, dann wird nicht die Person mit den meisten Vorschlägen automatisch ernannt. Das würde dem alten Wahlsystem gleichkommen. Nein, die Personen werden zu einem Assessment eingeladen. Im Assessment werden die Kolleginnen geprüft, wie kompetent sie darin sind, den empowerment-orientierten Führungsstil zu praktizieren, und wie gut sie Verantwortung in der Boule und dem Council übernehmen können. Das Assessment wird von einer externen Personalberatung organisiert und durchgeführt, die mit der Arbeit und dem lebendigen Organisationssystem von Stärkande vertraut ist. Das führt zu mehr Objektivität im Prozess.

Das Assessment besteht aus zwei strukturierten Auswahlgesprächen und einem Tag mit Verhaltensbeobachtungen. Auch Stärkanderinnen, die bereits eine oder mehrere Amtszeiten hinter sich haben, werden getestet. Der Ablauf und die Fragen sind für alle Kandidatinnen ähnlich: Im ersten Auswahlgespräch bilden zwei externe Personalberaterinnen, zwei Phylarchinnen und zwei Mitglieder der Phyle das Auswahlteam und prüfen die sechs Dimensionen des empowerment-orientierten Führungsstils (siehe Axiom 13). Vor dem Gespräch kommt der Empowering-Leader-Personality-Test zum Einsatz. Das ist ein Persönlichkeitsfragebogen, der die sechs Dimensionen der empowerment-orientierten Führung zuverlässig und valide messen kann. Dadurch haben die Interviewerinnen zusätzliche Informationen über die Kandidatinnen.

Im zweiten Gespräch werden mit einem neu zusammengesetzten Auswahlteam diejenigen Kompetenzen geprüft, die für die Zusammenarbeit in der Boule und dem Council wichtig sind. In der dritten Phase wird das Assessment durch eine ganztägige Verhaltensbeobachtung abgeschlossen. Dafür werden signifikante Situationen aus dem Arbeitsalltag der Phylarchinnen simuliert: ein Council-Meeting, ein Empowerment-Talk mit einer echten Mitarbeitenden sowie die Moderation eines Standup-Meetings. Die Mitarbeitenden, die dem Kompetenzprofil am besten entsprechen, werden für fünf Jahre zu Phylarchinnen ernannt.

Ähnlich geht die Auswahl der Archontinnen vonstatten. Auch sie haben eine Amtszeit von fünf Jahren (mit Ausnahme von Jessica und Alia Stärkande[17]). Die potentiellen Archontinnen werden aus der Gruppe der Phylarchinnen und der Archontinnen vorgeschlagen. Die Mitglieder des wissenschaftlichen Beirats können außerdem externe Kandidatinnen benennen. Auch hier ist der Auswahlprozess dreigeteilt (zwei strukturierte Interviews und ein Verhaltenstag) und wird von der Personalberatung begleitet. Wiederum sollen die verschiedenen Blickwinkel der heterogen zusammengesetzten Teams Stereotype und etwaige mikropolitische Seilschaften vermeiden. Denn den Stärkanderinnen ist hier Struktur wichtiger als Bauchgefühl.

Eventuell haben Sie sich die Frage gestellt, was mit externen Bewerberinnen auf Phylarchinnenstellen passiert? Diese gibt es schlicht nicht, weil die Stellen nicht extern ausgeschrieben werden. Wer Phylarchin werden möchte, fängt in einem Kreis an zu arbeiten und kann frühestens bei der nächsten Mitarbeiterbefragung vorgeschlagen werden. Das gilt auch für Personen, die bereits in hierarchischen Organisationen Menschen geführt haben und tolle Titel mitbringen. Auch solche Personen müssen zunächst in den Kreisen ihr Talent beweisen; sie müssen also »Follower« finden, bevor sie Phylarchin werden können.

Schnell zeigte sich: Das Vorschlagssystem hatte viele positive Effekte auf die Qualität des Führungspersonals bei Stärkande. Doch zusammen mit der weniger mächtigen Position der Phylarchinnen in der Holohier (siehe dazu auch das nächste Axiom) ergab sich durch die strukturierte Auswahl noch ein unerwarteter Nebeneffekt: Liebesbeziehungen zwischen Stärkanderinnen, gleich welcher Position, laufen potentiell ohne institutionellen Machtmissbrauch ab – schließlich gibt es keine Position- oder Beförderungsmacht, die ein Mensch bei Stärkande ausnutzen könnte. Deswegen sind die Stärkanderinnen auch ziemlich entspannt, wenn sich zwei Stärkanderinnen auf der Arbeit kennenlernen und verlieben.

Axiom Nr. 12: Leadership on demand – zweckmäßiger statt zwanghafter Einsatz von Führung

Stärkande hat in vielen Bereichen neue Ideen der Zusammenarbeit praktisch erprobt. Das gilt auch für das Thema Führung. Herausragend ist hier wohl das Axiom des »Leadership on demand«. In den meisten Unternehmen erhält jedes Team eine Führungskraft – gleich, ob das Team das will und ob sie eine benötigt oder nicht. Eine Teamleiterin wird unabhängig davon eingesetzt, ob das Sinn ergibt oder nicht. Führung wird also erzwungen. Das ist eine etablierte aber vollkommen überholte Idee.

Zunächst handelt es sich um Verschwendung, eine Position einzurichten, die kaum Nutzen spendet. Stellen Sie sich einmal vor, man würde in jedes Team eine Ärztin setzen, obwohl das Team überhaupt keine Gesundheitsdienstleistungen anbietet. Stellen sie sich vor, man würde für IT-Teams Ärztinnen einstellen – einfach nur, weil man das so macht und immer schon so gemacht hat. Die Ärztinnen würden dann brav ihren Job machen und den Blutdruck der IT-lerinnen messen. Sie würden sich ein teures Röntgengerät kaufen und manchmal das Gerät nutzen, damit sich die Anschaffung »gelohnt« hat. Die Ärztinnen machen so etwas, weil Ärztinnen so etwas machen. Ab und zu würden die Ärztinnen bei den täglichen Untersuchungen eine Krankheit entdecken und sie wären deshalb davon überzeugt, dass sie einer wichtigen und sinnvollen Tätigkeit nachgehen.

So absurd wird in den meisten Unternehmen in Deutschland mit Führungspositionen umgegangen. Eine Führungskraft wird eingesetzt, weil man das schon immer so gemacht hat und andere das auch so machen. Viele Teams kommen aber ohne Ärztin aus und können sich auch hervorragend selbst organisieren und koordinieren. Die Führungsaufgaben werden dann vom Team wahrgenommen, das gelingt vor allem gut und erfolgreich in kleinen Teams. Auch weil Führungskräfte teuer sind, sollten sie nur dann eingesetzt werden, wenn sie tatsächlich nützlich sind. Dazu ist Führung immer auch ein Eingriff in die Freiheit eines Menschen. Jede Form der Führung ist ein Eingriff in die Selbstbestimmung der Mitarbeitenden, sie sollte also nur wohlbegründet und dosiert eingesetzt werden.

Einige Unternehmen und Unternehmensberaterinnen haben das Problem des Führungsautomatismus (der beinahe einem Führungsautismus gleicht) erkannt – und reagieren darauf leider mit dem nächsten Automatismus. Denn wenn Führungskräfte ein Problem sind, scheint eine banale Lösung nahezuliegen: Man lässt die Teams führungslos und schickt sie in die Selbstorganisation. Damit befinden wir uns auf demselben intellektuellen Niveau mit derselben Praxisferne wie bei der Idee, jedem Team eine Ärztin oder eine Führungskraft vor die Nase zu setzen.

Und die Umsetzung führt darüber hinaus zu Problemen. Der Alltag in vielen Teams wird für die Teammitglieder ohne Führung sehr komplex und überaus politisch. All das hatten die Stärkanderinnen während der großen Krise im Jahr 2002 erlebt. Ohne Führung müssen die Mitarbeitenden, ob sie wollen oder nicht, die Führungsaufgaben selbst übernehmen. Sie müssen sich selbst organisieren und koordinieren und all das zusätzlich übernehmen, was sonst die Führungskraft gemacht hat. Auch kommt es häufiger zu Konflikten, denn Aufgaben, Lasten und Pflichten wie Belohnungen müssen ständig neu verhandelt werden.[18] Das ist für viele Teams extrem anstrengend. Und dennoch müssen sie selbstorganisiert arbeiten, weil die Selbstorganisation gerade im Trend liegt.

Teams entweder eine Führungskraft oder die Selbstorganisation aufzuzwingen, ist beides autoritär. Und New Work autoritär einzuführen, ist auch keine gute Idee. Die Kreise von Stärkande machen das deshalb anders: Sie können selbst entscheiden, ob sie geführt werden wollen oder nicht. Die Kreise bestimmen, ob Führung für sie Sinn ergibt oder nicht, denn sie sind diejenigen, die das Produkt und die Teamarbeit am besten kennen. Findet sich ein neuer Kreis zusammen, dann entscheidet der Kreis innerhalb der ersten vier Wochen, ob er geführt werden möchte oder nicht. Innerhalb von vier Wochen machen die Mitglieder des Kreises genug Erfahrungen mit sich und dem Kreis, um eine zuverlässige Entscheidung darüber treffen zu können. Meistens gönnen sich Kreise mit mehr als sechs oder sieben Personen eine Phylarchin. Manchmal erlaubt sich ein Kreis auch Führung, weil die selbstständige Vertretung im Council als zu anstrengend empfunden wird. Doch Stärkande lässt die Kreise mit dieser Entscheidung nicht allein. Aus der generellen Support-Crew kommen spezialisierte Kolleginnen und helfen bei der Entscheidung. Derzeit lassen sich laut Thufir 83 Prozent der Kreise führen.[19]

Das System der Phylarchinnen hat sich bei Stärkande erfolgreich etabliert. Es wird nicht voreilig eine Person aus dem Kreis zur Führungskraft ernannt, die ggf. am nettesten ist, aber überhaupt keine Führungserfahrung oder -kompetenzen besitzt. Nein, das Team wendet sich an den Council und bittet um Vorschläge für Phylarchinnen, die zeitliche Ressourcen haben, die Führung eines Kreises für die nächsten sechs Monate zu übernehmen. Abhängig vom Aufgabenbereich und dem Charakter des Kreises schlägt der Council daraufhin mehrere Phylarchinnen vor. Für die Phylarchinnen ist es dann eine große Ehre, wenn sie von einem Kreis ausgewählt werden, um diesen zu führen.

Doch gibt es auch Situationen, in denen sich keine Phylarchin bereit erklärt, mit einem Kreis zusammenzuarbeiten. Dies geschieht vor allem dann, wenn die Kreise ihre Phylarchinnen in der Vergangenheit nicht gut behandelt haben. Viele Kreise lassen sich dann von einer psychologisch versierten Supporterin beraten, wie sie ihr Verhalten gegenüber den Phylarchinnen und dem Thema Führung langfristig verbessern können. Manche Kreise lösten sich sogar nach einem negativen Feedback durch eine Phylarchin auf. In diesen Fällen waren es häufig interne Streitigkeiten, die durch die Ablehnung neu aufgebrochen sind.

Der Charakter von Führung hat sich bei Stärkande durch das »Leadership on demand«-Axiom vollständig verändert. Führung wird zu einer Maßnahme, die sich ein Team gönnt, damit es besser zusammenarbeiten kann. Führung ist freiwillig und kann von beiden Seiten abgelehnt werden. Führung wird so zu etwas Sinnhaftem. Zwanghafter wird durch einen zweckmäßigen Einsatz von Führung ersetzt.

Sechs Monate dauert die erste Erprobungsphase. Danach kann es sein, dass sich Phylarchin und Kreis wieder voneinander trennen. Beide Seiten können ein »Lebewohl« aussprechen. Doch wird es nicht als Niederlage begriffen, wenn es zu einer Trennung kommt. Häufig ist es nämlich so, dass die Kreise nur für eine gewisse Phase Führung benötigen, danach nicht mehr (oder erst später wieder). Manchmal hat auch die Phylarchin ein Angebot aus einem anderen Team und glaubt, diesem mit seinen oder ihren Kompetenzen besser helfen zu können. Insgesamt wird Führung dadurch weniger starr: Sie wird flexibel und ist dann da, wenn sie gebraucht wird. Sie verschwindet, wenn sie sinnlos ist. Und wenn sie da ist, dann ist sie gut, weil sie empowerment-orientiert praktiziert wird.

Axiom Nr. 13: Empowering leadership als Qualitätsversprechen der Führung bei Stärkande

Der empowerment-orientierte Führungsstil wurde bei Stärkande früh als Führungsleitbild eingeführt (s. d. folgende Tabelle). Das Unternehmen wollte das psychologische Empowerment der Stärkanderinnen steigern, deshalb war zuerst die Führung empowerment-orientiert zu gestalten. Doch stimuliert eine solche Führung nicht nur das Empowerment-Erleben selbst;[20] Führungskräften, die diesen Stil praktizieren, wird dazu mehr vertraut und die Beziehung wird insgesamt positiver bewertet.[21] Darüber hinaus sind die Mitarbeitenden motivierter, teilen mehr Wissen und handeln innovativer und leistungsstärker. Welches Unternehmen kann dazu nein sagen? Aus Unkenntnis machen das sehr viele! Stärkande jedenfalls konnte nicht widerstehen, denn dem Unternehmen war bekannt, dass auch die Arbeitszufriedenheit von einem solchen Führungsstil profitiert.[22]

Die Entscheidung für die empowerment-orientierte Führung fiel Stärkande also leicht, aber es existieren verschiedene Konzeptionen dieses Stils. Diese ähneln sich zwar stark, doch wird in den Konzeptionen eine unterschiedliche Anzahl an Führungsdimensionen integriert. Nach einem Austausch mit dem wissenschaftlichen Beirat entschied sich ein Boule-Meeting für ein breites Verständnis von empowerment-orientierter Führung, und die Boule wählte die Version mit sechs Dimensionen. In einem Kreis, zusammengesetzt aus Phylarchinnen, Mitarbeitenden und Archontinnen, wurden die Dimensionen in ein praxisnahes Führungsleitbild von Stärkande übersetzt:[23]

Das Führungsleitbild von Stärkande

Rolle	Was tust du als Phylarchin?	Woran erkennst du als Stärkanderin, dass du empowerment-orientiert geführt wirst?
Sinnstifterin	Du erklärst den Sinn von Arbeitsaufgaben und hilfst den Stärkanderinnen in deinem Kreis, eine attraktive Zukunftsvision zu entwickeln. Wenn du den Sinn einer Aufgabe nicht erklären kannst, dann sorgst du dafür, dass diese nicht weiter ausgeführt werden muss.	Durch deine Phylarchin verstehst du besser, welchen Beitrag deine Arbeitsaufgaben für Stärkande leisten. Du kannst erklären, warum sie wichtig sind. Sinnlose Aufgaben gehören nicht zu deinem Job.
Coach	Du kennst die Namen deiner Kreismitglieder und gehst auf deren Interessen und Kompetenzen individuell ein. Du interessierst dich dafür, wie es deinen Mitarbeitenden geht und nimmst dir Zeit, um die Anliegen der Mitarbeitenden zu verstehen und zu diskutieren.	Deine Phylarchin kennt dich und du wirst von ihr individuell berücksichtigt. Du hast das Gefühl, dass sich die Phylarchin für dich interessiert und du dich mit Anliegen, die dich bewegen, an sie wenden kannst.
Beteiligerin	Du informierst deine Mitarbeitenden über alles Wichtige, was ihre Arbeit betrifft. Du lässt die Mitarbeitenden selbst entscheiden oder lässt sie an wichtigen Entscheidungen teilhaben. Du vermeidest, deine Meinung durchzudrücken, und hörst dir erst einmal an, was die Mitglieder des Kreises zu sagen haben.	Du hast alle Informationen, die du für deine tägliche Arbeit benötigst. Bei wichtigen Entscheidungen, die dich oder deinen Kreis betreffen, bist du beteiligt. Dein Rat wird gehört und berücksichtigt, auch wenn er nicht der Meinung der Phylarchin entspricht.

Rolle	Was tust du als Phylarchin?	Woran erkennst du als Stärkanderin, dass du empowerment-orientiert geführt wirst?
Ermächtigerin	Du bietest den Stärkanderinnen in deinem Kreis verantwortungsvolle Aufgaben an. Du sorgst dafür, dass die Mitarbeitenden Einfluss erhalten. Du handelst als Makromanagerin und nicht als Mikromanagerin. Bürokratische Hürden versuchst du zu entfernen.	Du fühlst dich auch in Anwesenheit der Phylarchin einflussreich. Du wirst von ihr nicht kleinteilig kontrolliert. Du nimmst verantwortungsvolle Aufgaben an. Du verzweifelst nicht an der Bürokratie, sondern findest gemeinsam mit der Phylarchin Wege, um sie zu entfernen, wenn sie nicht nützlich ist.
Personal-entwicklerin	Du bist als Phylarchin Personalentwicklerin. Du hilfst deinen Mitarbeitenden, jeden Tag ein bisschen besser werden zu können. Du kennst die Entwicklungsfelder der Mit-arbeitenden und gibst ihnen regelmäßig Feedback. Z.B. machst du Vorschläge, wie die Stärkanderinnen ihr Arbeitsverhalten noch verbessern können. Du hast aber nicht nur die Person, sondern den ganzen Kreis in seiner Entwicklung im Blick.	Du spürst, dass du dich mit deiner Phylarchin als Sparringspartnerin entwickeln kannst. Durch das Feedback und die Entwicklungsmöglichkeiten wirstdu jeden Tag etwas besser. Du hast das Gefühl, dass du sogar kompetenter werden darfst als deine Phylarchin.
Vorbild	Als Phylarchin agierst du authentisch und aufrichtig. Du lebst das vor, was du von deinen Mitarbeitenden einforderst. Du setzt hohe Standards an das eigene Verhalten und hältst diese auch ein.	Du kannst deine Phylarchin als Vorbild annehmen, denn sie hält, was sie verspricht. Wird es mal eng in einer Schleife, dann ist sie für euch da. Bei wichtigen Entscheidungen und Aufgaben ist sie präsent und versteckt sich nicht im Open-Space-Büro.

Der empowerment-orientierte Führungsstil ist das Qualitätsversprechen der Phylarchinnen gegenüber den Stärkanderinnen in den Kreisen. Die Phylarchinnen werden bezogen auf dieses Führungsleitbild ausgewählt und trainiert. Das Training besteht aus drei Tagen, die im Abstand von vier Wochen durchgeführt werden. In den Trainings setzt die Trainerin Seminarschauspielerinnen ein, mit denen die Stärkanderinnen den Führungsstil lebensecht ausprobieren können und ein Feedback zu ihrem Verhalten erhalten. Zwischen den Terminen erproben die Phylarchinnen den Führungsstil in der Praxis, und Thufir kann mit einer Businesssimulation genutzt werden. Die Phylarchinnen übernehmen in der digitalen Simulation die Führung eines interdisziplinären Kreises und müssen sowohl die Innovation als auch das Empowerment der Avatare stimulieren. Die Simulation hat sich mittlerweile zu einem echten Verkaufsschlager entwickelt. Viele Unternehmen bilden ihre Führungskräfte damit aus.

Doch der Fokus in meiner Beschreibung liegt bisher nur auf dem Verhalten der Führungskräfte. Führung ist aber keine Einbahnstraße. Führung ist eine Kokreation zwischen Führungskraft und Mitarbeitenden. Auch die Mitarbeitenden haben Verantwortung. Das wird durch Axiom 14 deutlich.

Axiom Nr. 14: Das Mitarbeitendenleitbild bei Stärkande

Führung ist wechselseitig und Führung ist Beziehung. Führungskräfte beeinflussen mit ihrem Verhalten ihre Mitarbeitenden und Mitarbeitende beeinflussen mit ihrem Verhalten ihre Führungskräfte. So konnte eine Studie nachweisen, dass mehr empowerment-orientierte Führung zu mehr psychologischem Empowerment führt, doch führt umgekehrt auch mehr Empowerment zu mehr empowerment-orientierter Führung. Mitarbeitende, die mehr Empowerment zeigen, werden auch eher empowerment-orientiert geführt.[24] Man kann sich als Mitarbeiterin bei Stärkande nicht einfach zurücklehnen und die Phylarchinnen mal machen lassen. Führung ist eine gemeinsame Aufgabe von Phylarchin und Mitarbeiterin. Wenn ich als Stärkanderin Verantwortung übertragen bekomme, dann muss ich auch Verantwortung übernehmen und für Antworten sorgen. Ansonsten werde ich bei Stärkande nicht glücklich.

Deswegen gibt es hier nicht nur ein Führungs-, sondern auch ein Mitarbeitendenleitbild; es spiegelt die sechs Dimensionen des empowerment-orientierten Führungsstils. Konkret bedeutet das, dass nicht nur die Phylarchinnen Pflichten beim Thema Führung haben, sondern auch die Mitarbeitenden, damit die Gemeinschaft bei Stärkande funktionieren kann.

Das Mitarbeitendenleitbild bei Stärkande

Rolle	Was tust du als Stärkanderin?
Sinnstifterin	Du lässt dir nicht nur den Sinn von Aufgaben erklären, sondern gehst aktiv auf die Suche danach. Du fragst nach dem „Warum" und bemühst dich, darauf eigene Antworten zu finden.
Coach	Du kennst deine Phylarchin und interessierst dich dafür, wie es ihr geht. Du versuchst zu verstehen, warum sie ggf. eine andere Meinung hat und lehnst diese nicht grundlos ab.
Beteiligerin	Du informierst proaktiv deine Phylarchin über alles Wichtige, was deine und ihre Arbeit betrifft. Bei wichtigen Entscheidungen holst du dir Rat von ihr.
Selbstermächtigerin& Verantwortungs-übernahme	Du übernimmst Verantwortung für dich und andere. Verantwortung bedeutet, Antworten zu erarbeiten. Dabei handelst du proaktiv. Du wartest nicht, bis Probleme aufgetreten sind, sondern du planst und handelst vorausschauend.
Selbstentwicklerin	Du übernimmst Verantwortung für deine Stärken, aber auch für deine Entwicklungsfelder. Du klärst, was du kannst und was nicht. Du reflektierst im Alltag darüber, in welchen Kompetenzen du dich noch verbessern kannst und suchst nach Wegen, Stärken zu stärken und Entwicklungsfelder zu verbessern.
Vorbild	Du handelst genauso aufrichtig wie die Phylarchinnen. Du lebst das vor, was du von deinen Phylarchinnen einforderst. Du setzt hohe Standards an das eigene Verhalten und hältst diese auch ein.

Axiom Nr. 15: New Pay – Bezahlung auf Augenhöhe

Die Vergütung ist ein zentrales Thema in Unternehmen. Im Zentrum steht beim Gehalt die Frage, wie die Früchte der Zusammenarbeit untereinander aufgeteilt werden. Alia und Jessica wollten schon früh mehr Partizipation, Transparenz und Gerechtigkeit verwirklichen, heutzutage wird das New Pay genannt.[25] Wie so oft bei Stärkande war das nicht nur ein humanistisch getriebenes Ziel, sondern auch ein unternehmerisches. Das Thema Gehalt sollte nicht nur kein dauerhaftes Konfliktthema bei Stärkande sein; es sollte gar kein Thema sein. Unzufriedenheit mit dem Gehalt und gefühlte Ungerechtigkeit führen zu Ablenkungen, die Mitarbeitenden sollen sich aber auf ihre Arbeit konzentrieren können. Sie sollen sich über fachliche oder persönliche Themen unterhalten können und nicht darüber, wer wie viel verdient und ob er oder sie das verdient habe.

Ähnlich wie beim Thema Führung entschied sich Stärkande auch hier für einen partizipativen Mittelweg. Alle Stärkanderinnen erhalten ein marktübliches Grundgehalt. Stärkande orientiert sich also an den Gehältern, die in vergleichbaren Unternehmen der Branche bezahlt werden. Daraus resultiert zuallererst, dass ein Wechsel zu Stärkande nicht zu einer Erhöhung des Grundgehalts führt, bisweilen fällt es sogar etwas niedriger aus als bei der Konkurrenz. Mit einem überhöhten Grundgehalt will Stärkande keine Mitarbeitenden von anderen Unternehmen abwerben, das ist nicht die New-Pay-Strategie von Stärkande.

Über das Grundgehalt hinaus können die Stärkanderinnen aber aus vier weitere Quellen Gehalt beziehen. Diese Quellen wurden über Jahre erprobt und haben das Thema Geld im Unternehmen befriedet.

Quelle 1: Gewinnbeteiligung

Börsennotierte Unternehmen zahlen etwa 40 Prozent des Jahresgewinns an ihre Anlegerinnen aus. Stärkande ist nicht ganz so großzügig. Denn Stärkande braucht mehr Geld für Innovationen (z. B. auch für den Innovations-Award, siehe unten). Und noch etwas ist anders: Das Unternehmen schüttet überhaupt kein Geld an anonyme

Anlegerinnen aus, die nichts für Stärkande geleistet haben. Stärkande gibt das Geld den Stärkanderinnen.

Ein Drittel des Jahresgewinns erhalten die Mitarbeitenden ausgeschüttet. Die Ausschüttung fällt für jede Mitarbeitenden gleich hoch aus. Die Schreinerinnen bekommen genauso viel Geld wie die Archontinnen oder die Phylarchinnen. Das soll verdeutlichen, dass alle Mitarbeitenden wichtig sind und alle Mitarbeitenden einen wichtigen Beitrag für den Erfolg des Unternehmens geleistet haben. Gleichzeitig soll mit der Gewinnbeteiligung auch das Verantwortungsgefühl gestärkt werden. Jede Mitarbeitende kann mit guten Leistungen und Ideen selbst dazu beitragen, wie hoch die Ausschüttungen und damit das persönliche Gehalt am Ende des Jahres ausfallen. Geht es Stärkande gut, dann geht es auch den Stärkanderinnen gut.

Zwischen dem eigenen Handeln und dem Gehalt sehen Stärkanderinnen auch dadurch einen Zusammenhang. Wenn in der Schreinerei oder bei den Informatikerinnen zeitliche oder sachliche Ressourcen vergeudet werden, dann fällt der Gewinn und damit das Gehalt niedriger aus. Wenn durch eine gute Idee mehr Umsatz und damit mehr Gewinn erwirtschaftet wird, dann sehen die Mitarbeitenden das auch auf ihrem Konto. Dieses Denken haben die Stärkanderinnen verinnerlicht, jede Stärkanderin ist für ihr Gehalt mitverantwortlich, alle sind Mit-Unternehmerinnen. Das wird auch durch die zweite Quelle befördert.

Quelle 2: Aktienausgabe

»Ownership« soll auch durch die zweite zusätzliche Gehaltsquelle gesteigert werden. Auch wenn die Mehrheit des Unternehmens weiterhin in der Hand der Gründerinnen verbleibt, haben alle Mitarbeitenden die Chance, Unternehmensanteile von Stärkande zu erwerben und damit zu Gesellschafterinnen zu werden. Das Angebot nehmen die Mitarbeitenden von Stärkande allerdings unterschiedlich stark wahr: Nicht, dass die Phylarchinnen die meisten Anteile erworben hätten. Einer der größten Anteilseigner ist Theo Frieske aus der Schreinerei. Er hatte früh ein kleines Vermögen geerbt und wusste nicht, wie er das Geld investieren sollte. Nach einem Gespräch mit seiner Sparkasse entschied er sich für Stärkande.

Das ist nicht die einzige Beteiligungsmöglichkeit. Bei Stärkande gibt es weder ein 13. Monatsgehalt noch Weihnachtsgeld. Das Jahr bei Stärkande hat nur zwölf Monate und für einen fiktiven 13. Monat wird hier kein Geld ausgegeben. Stattdessen bekommen am Ende des Jahres alle Stärkanderinnen eine »Aufmerksamkeit«[26]: Für jeden Monat, den jemand für das Unternehmen gearbeitet haben, erhält der Mitarbeitende eine Aktie. Neue Mitarbeitende, die im Oktober bei Stärkande eingestiegen sind, bekommen drei Aktien übertragen. Eine Mitarbeiterin, die das volle Jahr für Stärkande gearbeitet hat, erhält zwölf Aktien.

Mitarbeitende, die schon lange für Stärkande arbeiten, besitzen so eine dreistellige Anzahl an Aktien. Da der Unternehmenswert von Stärkande über die Jahre stark gewachsen ist, haben viele Mitarbeitende ein stattliches Vermögen durch Aktienkäufe und die Aufmerksamkeiten erhalten. Und die Mitarbeitenden wollen unbedingt, dass ihr Vermögen erhalten bleibt und wächst. Damit fühlen sie sich selbst mit kleineren Aktienpaketen für Stärkande und dessen Wohl verantwortlich. Einzig wer das Unternehmen verlässt, muss die stimmberechtigten Anteile aus den »Aufmerksamkeiten« an Stärkande zurückverkaufen.

Quelle 3: Innovations-Award

Jedes Jahr stehen bei Stärkande zwei Prozent des Unternehmensgewinns als Innovations-Award zur Verfügung. Belohnt werden damit Innovationen, die das Unternehmen im letzten Jahr besonders erfolgreich gemacht haben. Dafür wird ein sogenanntes Peer-Evaluation-System eingesetzt: Interessierte Kreise werden bis Ende März eines Jahres von Thufir strukturiert befragt, welche Innovation sie im letzten Jahr produziert haben. Sie sollen beschreiben, wie die Innovation Stärkande erfolgreich gemacht hat oder voraussichtlich machen wird, eingereicht werden dürfen nicht nur Produkt-, sondern auch Prozessinnovationen. 2020 hat beispielsweise ein Innovationsprojekt den Hauptpreis gewonnen, das den Upload und das Suchen von Dokumenten in der Stärkande-Cloud um 80 Prozent schneller gemacht hat. Von Bedeutung ist auch, dass die Mitarbeitenden Thufir erklären, wer an der Innovation beteiligt war. Besonders gute Chancen haben Projekte, die interdisziplinär ausgerichtet sind. Das phylen-übergreifende Arbeiten soll belohnt werden.

Jedes Jahr werden etwa 30 bis 40 Innovationen eingereicht, und das ist nur ein kleiner Teil der Innovationen, die bei Stärkande in einem Jahr erarbeitet werden. Alle Einreichungen sind für die Mitarbeitenden digital über die App und Thufir einsehbar. Alle Mitarbeitenden haben Stimmrecht und bewerten die folgenden Punkte:

Kriterien zur Evaluation von Innovationen bei Stärkande

	1	2	3	4	5	6	7
Wie originell ist die Innovation?	☐	☐	☐	☐	☐	☐	☐
Wie erfolgreich ist die Innovation oder wird sie sein?	☐	☐	☐	☐	☐	☐	☐
Wie interdisziplinär ist die Innovation zustande gekommen?	☐	☐	☐	☐	☐	☐	☐
Wie nachhaltig ist die Innovation?	☐	☐	☐	☐	☐	☐	☐

Meist nehmen etwa 75 Prozent der Belegschaft an der Bewertung teil. Das hat einen erwünschten Nebeneffekt: Die Mitarbeitenden bekommen Kenntnis darüber, an welchen Innovationen die Phylen arbeiten. Nicht selten entwickeln sich durch die Beschäftigung mit den eingereichten Projekten neue Ideen und Kooperationen. Eine Mitarbeiterin aus der Phyle II sieht eine Innovation aus Phyle IV und spricht die Kolleginnen an, was man ggf. noch verbessern könnte und ob sie hier einen Beitrag leisten könnte. Der Innovations-Award ist ein wichtiges Instrument, um Innovationen weiterzuentwickeln und die Stärkanderinnen an die Bedeutung von Innovationen zu erinnern.

Fünf Innovationen kommen in die Endauswahl, sie bekommen die Chance, sich auf dem jährlichen Innovationstag am letzten Freitag im Mai vorzustellen. Neben zahlreichen anderen Programmpunkten rund um das Thema Innovation ist die Prämierung beim Award der Höhepunkt. Am Vormittag stellen die Innovations-Kreise ihre Projekte in einem 20-minütigen Vortrag vor und bekommen Fragen aus der Mitarbeiterschaft gestellt. Oft sind die Nachfragen engagiert und detailbezogen, da die Mitarbeitenden sich intensiv mit Sinn und Zweck eines Innovationsprojekts auseinandersetzen. Eine Schlosserin fragt dann etwa eine Informatikerin, wie hoch der Deckungsbeitrag ausfällt. Eine Marketingexpertin aus der generellen Support-Crew interessiert sich dafür, welche Kundinnengruppen Interesse an dem Produkt haben und welche Ansprache geeignet ist.

Danach sind alle Mitarbeitenden aufgefordert, über Thufir anonym zu bewerten, wie viel Prozent des zur Verfügung stehen Geldes ein Innovations-Kreis bekommen soll: Sie entscheiden, wie das zur Verfügung stehende Preisgeld auf die fünf Projekte verteilt wird. Jede Stimme zählt gleich viel und die Mitarbeitenden sind frei darin, wie sie das Geld in der App aufteilen, schließlich haben sie das Geld erwirtschaftet.

Abb. 11: Ein Innovationskreis bei der Arbeit

Häufig erhalten die Erstplatzierten 50 Prozent des Innovations-Awards und das übrige Geld teilt sich zu gleichen Teilen auf die anderen Kreise auf, die in die Endauswahl gekommen sind. Stärkande kennt keine einsamen Erfindergenies, die Innovationen entstehen in den Kreisen. Die Kreise entscheiden nun selbst, wie sie das Geld untereinander aufteilen, darin sind sie frei. Es gibt nur eine Regel: Die Aufteilung darf erst drei Tage nach dem Innovationstag an das Unternehmen rückgemeldet werden. Die Kolleginnen sollen diese Entscheidung nicht in der Euphorie des Innovationstages treffen. Auf Wunsch bekommen die Kreise eine erfahrene Mediatorin zur Verfügung gestellt, sie ist neutral und hilft der Gruppe bei ihrer Entscheidung.

Quelle 4: Zuschläge für Positionen

Gute Führung ist ein zentrales Element des Erfolgs von Stärkande. Anerkannt ist, dass die empowernde Führung eine herausfordernde Aufgabe ist, Phylarchinnen und Archontinnen tragen dazu Verantwortung und die ist bisweilen schwer. Deshalb erhalten Phylarchinnen ein Drittel ihres Grundgehalts als Führungspauschale zusätzlich ausgeschüttet, eine IT- Phylarchin also ein Drittel mehr Gehalt als die ITlerin ohne Phylarchinnenposition. Das ist natürlich allen Stärkanderinnen bekannt.

Weiterhin gibt es Zuschläge für jeden Kreis, den sie betreuen. Führung wird damit direkt entlohnt und so verdeutlicht, dass es sich um eine wichtige Aufgabe handelt. Dennoch sind die Gehaltsunterschiede zwischen Mitarbeitenden und Führungskräften deutlich kleiner als in anderen Unternehmen

Axiom Nr. 16: Eine New-Work-Kultur ist wichtiger als jede Struktur

Stärkande hat sich ein funktionierendes Organisationssystem erarbeitet, wichtiger noch ist aber die entstandene Kultur. Dabei hat die Kulturentwicklung den Stärkanderinnen auch deutlich mehr abverlangt als die Etablierung der Phylen-Struktur. Dieser Prozess war schwierig; teilweise mühselig, fast immer kniffelig und häufig heikel. Deswegen fällt dieses Axiom auch etwas länger aus.

Häufig nutzen die Stärkanderinnen eine Metapher aus der Informatik, um das Spannungsverhältnis zwischen Kultur und Struktur zu verdeutlichen: Das Organisationssystem ist die Hardware, doch Hardware allein kann dem Menschen nicht dienen. Entscheidend ist die Software, sind die Apps, die auf dem Gerät laufen. Funktioniert die Software und steht sie in einem harmonischen Verhältnis zur Hardware, lässt sich der Computer nutzen. Die Software der Stärkanderinnen ist ihre Organisationskultur.

Was genau aber ist Organisationskultur? Das sind die in einer Organisation geteilten Werte, Normen und Annahmen. Sie entstehen, während die Organisation Probleme löst, und haben sich zumindest für die Vergangenheit als tauglich erwiesen, um in der Umwelt überleben zu können; neuen Mitgliedern werden die Normen, Werte und Annahmen relativ selbstständig beigebracht als die Art und Weise, wie man »korrekt« auf die Welt und ihre Probleme reagiert.[27] Schnell lernen die neuen Kolleginnen, wie man sich in der Organisation verhält ohne aufzufallen, und dann verinnerlichen sie die Werte der Organisation. Nach wenigen Monaten ist die Organisationskultur den neuen Mitgliedern meist gar nicht mehr bewusst. Dennoch ist sie hochwirksam und beeinflusst das Handeln, aber auch das Denken und die Sinnstiftung der Mitarbeitenden, denn Kultur ist etwas, das eine Organisation nicht nur hat, sondern auch ist.[28]

Diesen so gewichtigen Kulturprozess wollte Stärkande nicht sich selbst überlassen. In vielen Belegschafts-Workshops wurden im Jahr 2010 die im Unternehmen vorherrschenden Werte transparent gemacht und zugleich infrage gestellt. Anders als im Jahr 2002 ging dem Prozess keine Krise voraus, doch war Stärkande mittlerweile elf Jahre alt – die Stärkanderinnen hatten das Gefühl, dass sie, ähnlich wie in der Pubertät eines Menschen, sich an dieser Stelle klarmachen mussten, wer sie sind und wer sie sein möchten.

Das Sichtbarmachen der Werte war elementar, denn häufig trat die Kultur wie bei anderen Unternehmen erst an die Oberfläche, wenn die Führungskraft den Raum verlassen hatte. Gerade für die Phylarchinnen waren viele Annahmen und Werte, die das Organisationsleben der Mitarbeitenden bestimmen, unsichtbar. Sie waren überrascht, welche ungeschriebenen Regeln und unausgesprochenen Gesetze das Organisationsleben bestimmen. Nachdem die vorhandenen Werte transparent gemacht worden waren, stellten sich die Stärkanderinnen im Anschluss die Frage, ob das die Werte sein sollen, auf deren Basis sie weiterhin zusammenarbeiten wollten. »Welche Werte sollen unsere Zusammenarbeit leiten? Welche Werte wollen wir nicht tolerieren?« Das waren die großen Fragen. Die Entscheidung fiel zugunsten eines sparsamen Wegs: Lieber weniger Werte, die alle verstehen und leben können, als zwanzig, bei denen keine Klarheit herrscht und die kaum jemand kennt. So wurden drei positive Werte identifiziert und drei weitere, die die Stärkanderinnen ablehnen. Die positiven Werte (Pro-Values) werden angestrebt und sollen das Verhalten und Denken der Stärkanderinnen leiten; die drei negativen (Con-Values) sollen vermieden werden.

Die drei Pro-Values sind: **Ownership, Innovation** und **Empowerment**
Die drei Con-Values sind: **Defensivität, Aggressivität** und **Diskriminierung**

Die Werte sind auch im Führungs- und Mitarbeitendenleitbild zu erkennen. Doch war es Alia und Jessica wichtig, dass sie explizit herausgearbeitet und sichtbar werden. Denn was sichtbar ist, kann besprochen und bearbeitet werden.

Kultur für Psychological ownership und bürgerschaftliches Engagement

Ownership bedeutet, dass die Mitarbeitenden ihre Arbeitsaufgabe, ihre Arbeitsrolle, ihre Phyle und ihr Unternehmen als ihnen gehörend erleben sollen. Die Werte für Ownership werden auch dadurch verdeutlicht, dass Stärkande jeder Mitarbeitenden zu einem Teil gehört: Alle Mitarbeitenden bekommen Aktienaufmerksamkeiten und können diese stetig vergrößern. Stärkande gehört allen Mitarbeitenden, das wissen alle Stärkanderinnen. Im Kern lässt sich die Idee hinter Ownership in einem Satz zusammenfassen:

»What is mine becomes a part of me.«[29]

Die Kultur für Ownership hat auch einen Einfluss auf das Verständnis von Führung im Unternehmen: Stärkande wird nicht abstrakt aus einer Zentrale heraus geführt, man ist der Überzeugung, dass alle Mitarbeitenden Führungsaufgaben haben – gleich, ob sie Phylarchinnen sind oder nicht. Jede Mitarbeitende führt sich selbst, ihre Aufgaben und ihre Rollen. Alle Stärkanderinnen führen gemeinsam Stärkande.

Zur Kultur für Ownership gehören aber auch Werte für bürgerschaftliches Engagement. Die Stärkanderinnen sind davon überzeugt, dass Besitz und Engagement miteinander Hand in Hand gehen. Wenn mir etwas gehört, dann muss ich mich für diesen Besitz auch engagieren, Eigentum verpflichtet. In der Psychologie nennt man das »organizational citizenship behavior«, doch bei Stärkande hat auch dieser Wert einen engen Bezug zu Alias Antike-Kenntnissen. Vor langer Zeit erläuterte sie mir einmal, was die alten Griechen unter dem Begriff »idiotes« verstanden. Ein Idiot war für sie eine Person, die ihr Leben ausschließlich privat ausrichtete und sich nicht für die Gemeinschaft verantwortlich fühlte. Idioten waren bei den Griechen Menschen, die sich aus den öffentlichen Angelegenheiten und Aufgaben der Gemeinschaft heraushielten, obwohl sie die Chance gehabt hätten, sich zu engagieren. »Wir wollen keine Idioten bei Stärkande«, sagte Alia in einem Boule-Meeting. Obwohl jeder ihr Begriffsverständnis kannte, hörte es sich hart an und der Satz entfachte eine lebhafte Diskussion. Meiner Meinung nach hatte sie Recht: Mit Idioten, also Personen, die sich nicht für das Gemeinwohl von Stärkande verantwortlich fühlen und nur eigene Interessen verfolgen, funktioniert das Stärkande-System nicht. Deshalb sind die Werte in diesem Bereich so wichtig.

Bürgerschaftliches Engagement ist das Gegenteil von Dienst nach Vorschrift. Dienst nach Vorschrift würde aber auch bei Stärkande nicht funktionieren, weil es weder Dienst noch kleinteilige Vorschriften gibt. Stattdessen sind es bei Stärkande die folgenden Werte, die den Mitarbeitenden vermittelt werden, wenn Sie in die Organisation eintreten. Sie ergänzen und erweitern das Mitarbeitenden- und Führungsleitbild – und stehen in Übereinstimmung mit den verschiedenen Facetten von bürgerschaftlichem Engagement in Organisationen, die Psychologinnen haben identifizieren können:[30]

WERTE FÜR BÜRGERSCHAFTLICHES ENGAGEMENT

- **Gewissenhaftigkeit:** Wir Stärkanderinnen verhalten uns pflichtbewusst und erledigen Arbeitsaufgaben gewissenhaft. Stärkanderinnen tragen dafür Sorge, dass ihre Arbeit qualitativ hochwertig ist. Dafür holen sie sich das Feedback ihrer Kolleginnen ein.

- **Unkompliziertheit:** Wir Stärkanderinnen ertragen auch vorübergehend unangenehme und frustrierende Arbeitssituationen. Falls der Zustand länger andauert, dann besprechen wir diesen mit Kolleginnen und Phylarchinnen und suchen gemeinsam nach Wegen, um diese abzustellen. Stärkanderinnen vergeuden keine Zeit für Klagen und Jammern. Stärkanderinnen nutzen ihre Arbeitszeit, um Lösungen für Probleme zu finden.
- **Rücksichtnahme:** Wir Stärkanderinnen nehmen aufeinander Rücksicht. Wir zeigen Verhalten, das die Entstehung von Problemen sowie die Entwicklung und Verbreitung von Konflikten mit Kolleginnen einschränkt. Das bedeutet nicht, dass wir Probleme und Konflikte verheimlichen oder ihnen aus dem Weg gehen. Stört uns etwas, dann sprechen wir die betroffenen Kolleginnen frühzeitig und proaktiv an.
- **Eigeninitiative:** Wir Stärkanderinnen zeigen proaktives Engagement innerhalb der Organisation. Wir übernehmen Verantwortung für unsere Aufgaben, Rollen und für Stärkande als Ganzes. Wir bringen Verbesserungsvorschläge ein und entwickeln unsere Kompetenzen proaktiv.
- **Hilfsbereitschaft:** Stärkande ist eine gute Gemeinschaft. Wir Stärkanderinnen sind hilfsbereit. Wir unterstützen unsere Kolleginnen bei Problemen. In unserem Meeting sprechen wir offen darüber, wer für welches Thema Hilfe benötigt und bieten Support an.

Kultur für Innovation und kontinuierliche Erneuerung

Innovationen sind für den Erfolg von Stärkande fundamental. Die erfolgreichen Produkte von Stärkande im Möbelbereich oder in der IT werden ständig nachgebaut, so etwa ein Schreibtischstuhl oder eine App, um HR-Prozesse effizienter zu gestalten. Zwar weisen die kopierten Produkte dann einen Qualitätsunterschied auf, sind aber häufig günstiger. Als Stärkande mit seiner Coaching-Plattform auf den Markt trat, waren bereits nach sechs Monaten die ersten »Copycats« zur Stelle; mittlerweile bieten viele Unternehmen verwandte Softwareprodukte an, mit denen Urlaubsanträge oder Dienstreisen virtuell verwaltet werden können. Für das Geschäftskonzept von Stärkande gibt es also keine andere Lösung: Stärkande muss innovativ sein, und deswegen braucht Stärkande Werte für Innovationen.

Als Leitbild für das Thema Innovation wurde das Bild der Pionierin eingeführt.[31] Stärkanderinnen sind Pionierinnen, sie betreten allerdings nicht nur ständig Neuland, sondern arbeiten auch an dessen Urbarmachung: Schließlich genügt es nicht, nur neue und originelle Ideen zu produzieren, sie müssen auch implementiert werden. Alles andere wäre aus der Sicht der Stärkanderinnen Verschwendung. Die Stärkande-Pionierinnen wollen sich kontinuierlich verbessern und das gilt für Produkte und Arbeitsprozesse gleichermaßen, dazu gehört eine Kultur des Experiments und der Fehlertoleranz. Denn unsystematische Fehler sind unvermeidbar, wenn Menschen an Innovationen arbeiten, sie sind ein natürlicher Bestandteil von Innovationen. Stärkande besitzt eine besondere Fehlerkultur. Und dieser Besitz ist sehr wertvoll.

Stärkanderinnen werden nicht persönlich verantwortlich gemacht, wenn ein unsystematischer Fehler auftritt. Fehler sind normal und werden miteinander geteilt, gemeinsam betrachtet und analysiert. Nur so lässt sich gewährleisten, dass alle relevanten Personen von dem Fehler erfahren und diesen nicht selbst machen müssen. Früher diente dazu auch der »Fehler des Monats« im monatlichen Stärkande-Newsletter, heute fasst Thufir gemeinsam mit Mitarbeitenden die wesentlichen Informationen (und auch den Fehler des Monats) im Podcastformat zusammen. Regelmäßig besprechen auch die Phylarchinnen und Archontinnen, welche Fehler sie produziert haben und was sie daraus gelernt haben. Da Fehler als eine Quelle des Lernens betrachtet werden, müssen die Stärkanderinnen keine Angst vor unsystematischen Fehlern haben und diese nicht aufwendig vertuschen. Die Stärkanderinnen können also ihre Arbeitszeit in Innovationen investieren und nicht in die Vermeidung von Fehlern.

Die Bedeutung der Innovationen für Stärkande zeigt sich auch an den dafür geschaffenen Strukturen: An jedem Standort existieren Innovationsräume, in denen Mitarbeitende gemeinsam kreativ arbeiten können. Die Räume sind attraktiv gestaltet und stellen alle nötigen Werkzeuge. Dazu kommt, dass die Arbeitszeitverteilung mit dem 60/20/10/10-plus-one-Prinzip explizit Zeit für Kreativität und Innovation reserviert (siehe Axiom 6). Stärkanderinnen müssen dadurch nicht in ihrer Freizeit an Innovationen arbeiten, sie machen das während ihrer Arbeitszeit und werden dadurch auch für Innnovationen bezahlt. Zusätzlich gibt es einen Innovationstag und einen Innovations-Award, der verdeutlicht, wie wichtig Stärkande das Thema Innovation ist.

Auch hier werden die Werte bei Stärkande ausdrücklich und transparent kommuniziert, nicht nur im Onboarding. Im Alltag der Arbeitsstätten sind sie über Micro-LED-Bildschirme präsent:

WERTE FÜR INNOVATION UND KONTINUIERLICHE ERNEUERUNG

- **Überlebensversicherung:** Innovationen sind die Überlebensversicherung für Stärkande. Innovationen sichern unseren Gewinn in der Zukunft und schaffen Arbeitsplätze.
- **Initiative für Innovationen:** Alle Stärkanderinnen sind Pionierinnen. Jede hat das Recht und die Pflicht, an Innovationen zu arbeiten.
- **Offenheit:** Neuerungen begegnen wir Stärkanderinnen mit Offenheit. Wir zeigen Respekt gegenüber denjenigen, die uns eine Innovation vorstellen. Wir prüfen Innovationen kritisch, aber wir halten uns damit zurück, eine Idee frühzeitig mit dem Satz »Das geht so nicht« zu zerstören.
- **Fehlertoleranz:** Unsystematische Fehler sind ein Bestandteil jeder Innovation. Fehler sind ein Zeichen der Experimentierfreude. Stärkanderinnen analysieren Fehler, teilen sie mit Kolleginnen und lassen sie nicht zu systematischen Fehlern werden.

Fehlt nur noch der dritte Kulturwert, der den Stärkanderinnen wichtig ist. Nicht überraschend dreht sich dieser um das Thema Empowerment.

Kultur für psychologisches Empowerment

Psychologisches Empowerment ist der Dreh- und Angelpunkt für die Gestaltung der Arbeitsprozesse bei Stärkande, es zielt auf die kontinuierliche Transformation von Stärkande. Stärkanderinnen sind davon überzeugt, dass sich jede Mitarbeitende im Unternehmen psychologisch empowert fühlen sollte. Bei Stärkande gibt es stark ausgeprägte Werte für psychologisches Empowerment, es gilt der von Quinn und Spreitzer geprägte Satz:

»Empowered people are empowering people.«[32]

Um diesen Prozess zu erleichtern, sind explizite Werte für die vier Dimensionen des psychologischen Empowerments formuliert worden. So dürfen Stärkanderinnen beispielsweise Arbeiten ablehnen, bei denen man ihnen nicht erklären kann, warum sie verrichtet werden sollten. Halten Stärkanderinnen es für sinnlos, in einer Sitzung anwesend zu sein, haben sie das Recht aufzustehen und zu gehen.

WERTE FÜR PSYCHOLOGISCHES EMPOWERMENT

- **Bedeutsamkeit:** Bei Stärkande wird Wert darauf gelegt, dass die Arbeit für die Beschäftigten eine persönliche Bedeutung hat. Sinnlose Arbeiten müssen hinterfragt und nicht bearbeitet werden. Stärkanderinnen dürfen bei ihrer Arbeit Spaß haben.
- **Kompetenz:** Stärkanderinnen ermutigen sich gegenseitig, ihre beruflichen Fähigkeiten zu erweitern. Bei Stärkande werden genügend Möglichkeiten geschaffen, um Fähigkeiten zu entwickeln. Diese Möglichkeiten werden von den Stärkanderinnen ergriffen. Mitarbeitende dürfen kompetenter sein als ihre Phylarchinnen und Archontinnen.
- **Selbstbestimmung:** Die Mitarbeitenden von Stärkande wissen selbst, wann und wie sie am besten arbeiten. Das Unternehmen schätzt, wenn die Beschäftigten selbst entscheiden, wie sie arbeiten, und unterstützt sie dabei.
- **Einfluss:** Bei Stärkande wird großer Wert daraufgelegt, dass alle Beschäftigten etwas bewirken können. Dafür ist es wichtig, dass die Beschäftigten Kontrolle darüber haben, was in ihrem Arbeitsfeld passiert. Mitarbeitende dürfen bei Stärkande mächtig sein.

Werte, die mit der Arbeit von Stärkande unvereinbar sind: Defensivität, Aggressivität und Diskriminierung (DEAD-Werte)

Bei Stärkande wird nicht nur explizit formuliert, welche Werte begrüßt und gelebt werden, sondern auch, welche abgelehnt und vermieden werden sollen. Für die Stärkanderinnen sind das die sogenannten »DEAD-Werte«. Jeder kennt sie, sie bedeuten den Tod für Empowerment und Innovationen. Sterben Empowerment und Innovationsfähigkeit von Stärkande, dann erlischt auch Stärkande. Niemals dürfen deswegen die DEAD-Werte die Kultur von Stärkande bestimmen.

Das Akronym DEAD steht für die folgenden drei Wertebereiche: **De**fensivität, **A**ggressivität und **D**iskriminierung. Schauen wir uns die drei der Reihe nach an.

Defensivität

In Unternehmen mit defensiven Kulturen hört man häufig in Gesprächen zwischen den Mitarbeitenden folgende Sätze:

»Das muss der Chef entscheiden.«
»Was sagt der Justitiar dazu?«
»Das geht so nicht.«

Menschen, die in defensiven Kulturen arbeiten, haben das Gefühl, dass sie sich ständig absichern müssen, bevor sie mit der Arbeit beginnen.[33] Die Chefin muss gefragt werden, bevor gehandelt wird. Proaktivität und Eigeninitiative sind Fremdwörter und sogar gefährlich in defensiven Kulturen. Die Mitarbeitenden fühlen sich abhängig und versuchen, den Konventionen zu entsprechen. Wer bei einem neuen Projekt am meisten Bedenken benennt, ist die Heldin des Tages. Gern wird etwa auf die DSGVO oder andere übergeordnete Regelwerke verwiesen, damit alles so bleibt, wie es ist. Häufig wird auch eine neue Arbeitsgruppe gebildet, anstatt eine Entscheidung zu treffen und Verantwortung zu übernehmen – die Herausforderung wird mit einer Arbeitsgruppe in die Zukunft delegiert. Oder Verantwortung wird in die Hierarchie oder an Kolleginnen abgegeben. Hauptsache, man ist nicht verantwortlich, braucht also keine Antworten zu produzieren, die ggf. falsch sein könnten. Denn das ist der Kern der defensiven Kultur: Die Menschen in defensiven Kulturen haben Angst und müssen Angst haben, und zwar am meisten davor, Fehler zu machen.

Eine solche Kultur, die von Angst bestimmt wird und zur Defensivität führt, wird von den Stärkanderinnen abgelehnt. Vielleicht ist das eine der großen Errungenschaften von Stärkande: Die Verwirklichung eines Unternehmens, das morgens ohne Angst betreten und abends ohne Furcht verlassen werden kann. Denn keine Angst haben zu müssen, ist ein wichtiger Grundstoff eines guten Lebens.

Aggressivität

Abgelehnt wird bei Stärkande auch eine Kultur, die von aggressiven Werten geprägt ist. In diesen Kulturen hört man häufiger Sätze wie:

»Wir stellen nur Gewinner ein.«
»Work hard, play hard.«
»We're customer obsessed.«[34]

Ja, in solchen Unternehmen sollen die Menschen besessen von ihren Kundinnen sein (ich persönlich habe meistens Angst, wenn ich auf besessene Kundinnenberaterinnen treffe). Die Mitarbeitenden sind solchen Unternehmen relativ egal; Hauptsache die Kundin ist Königin. Bei Stärkande stehen aber nicht die Kundinnen im Mittelpunkt, sondern die Mitarbeitenden und ihr psychologisches Empowerment. Diejenigen stehen im Mittelpunkt, die für die Kundinnen arbeiten. In aggressiven Kulturen muss miteinander gerungen werden; der Wettbewerb ist zentral. Nur Gewinnerinnen werden eingestellt, die aber fast ausnahmslos zu Verliererinnen werden, da ja nur eine gewinnen kann.

Nur eine Mitarbeiterin des Monats, nur eine wird auf der Weihnachtsfeier zur Key-Account-Managerin oder Beraterin des Jahres gewählt. Eine ist Heldin, alle anderen sind Versagerinnen. – Jede Kollegin wird dadurch als Rivalin wahrgenommen; eine Konkurrentin um Ressourcen, Status und Kundinnen. Eine Kundin gehört der Seniorberaterin und darf nicht geteilt werden, denn sonst müsste man auch den Umsatz teilen, den man mit der Kundin verdient. Statt Win-win- werden immerzu Win-lose-Situationen entdeckt. Mein Verlust ist der Gewinn meiner Konkurrentin. Rache, also die Vergeltung von vergangenem Unrecht, ist ein bestimmendes Motiv in aggressiven Kulturen.

In aggressiven Kulturen existieren kleine, manchmal aber auch große Fürstentümer und Grafschaften, über die eifersüchtig geherrscht wird. In aggressiven Kulturen ist es nicht wichtig, seine Mitarbeitenden zu empowern, sondern bloß selbst mächtig zu werden. Denn Macht bedeutet Einfluss und Zugang zu wichtigen Ressourcen. Mächtige leben in aggressiven Kulturen viel angenehmer als die Ohnmächtigen. Deswegen ist es auch wichtig, dass man nicht zu viele Kolleginnen mächtig und kompetent werden lässt, denn sonst müsste man teilen und es bliebe weniger vom Kuchen für einen selbst und die persönlichen »Lakaien« übrig. Menschen zu empowern, wird in aggressiven Kulturen als gefährlich bewertet. Denn die empowerten Menschen könnten zu mächtig werden und die eigene Zukunft gefährden. Die Lakaien (z. B. Juniorberaterinnen) hängen sich an eine mächtige Person (z. B. eine Seniorberaterin) und hoffen, dass sie persönlich von der Karriere ihrer Vorgesetzten profitieren können. In aggressiven Kulturen wird nicht aus eigener Kraft Karriere gemacht, sondern durch ein mächtiges Netzwerk. Aggressive Kulturen sind politisch.

In einem Motiv ähneln sich aggressive und defensive Kulturen. In beiden dürfen die Mitarbeitenden keine Fehler begehen, sie werden deshalb streng kontrolliert und die Führungskraft ist bei Fehlern sofort zur Stelle. Deshalb ist es in aggressiven Kulturen unumgänglich, Fehler sofort zu vertuschen, denn sie bedeuten Schwäche und Statusverlust. Auch in aggressiven Kulturen ist Angst das beherrschende Motiv: Angst ist die wahre CEO, die die Menschen zu ihrem Verhalten motiviert. Und diese Angst wird aggressiv durch Wettbewerb und vermeintliche Stärke kompensiert.

Stärkanderinnen verachten die Verhaltensweisen und Werte, die eine aggressive Kultur ausmachen. Vor allem im Bereich der Organisationsberatung werden Mitarbeitende streng geprüft, ob sie solche Einstellungen in das Unternehmen tragen könnten. Ein jährlicher Prüfstein für die Stärkanderinnen, wie es um die Aggressivität ihrer Kultur bestellt ist, ist der Innovations-Award – schließlich hat er einen kompetitiven Charakter, nur fünf Teams erhalten einen Gewinn. Wie die Stärkanderinnen hier miteinander umgehen, zeigt ihnen, wie aggressiv sie sind. Werden Informationen und Innovationsideen zurückgehalten, um sich in eine bessere Position zu bringen? Werden die anderen Kreise als Gegnerinnen oder als Kooperationspartnerinnen wahrgenommen? Die Stärkanderinnen lernen in diesem Prozess jedes Jahr viel über sich. Jeder Innovations-Award ist eine harte Prüfung für die Stärkanderinnen und ihre Kultur.

Diskriminierung

Der letzte DEAD-Wert, der bei Stärkande abgelehnt und verachtet wird, das ist die Diskriminierung, sie versagt Menschen die Gleichheit der Behandlung, die sie sich wünschen, und ist unabhängig von den Fähigkeiten der jeweiligen Menschen. Sie werden allein aufgrund der Zugehörigkeit zu einer Gruppe von Menschen nachteilig behandelt:[35] Frauen werden seltener befördert, weil sie Frauen sind. Ältere werden nicht in ein Scrum-Team eingeladen, weil sie als weniger agil gelten. Jüngere werden nicht als Führungskräfte in Betracht gezogen, weil sie jung sind. Eine Schlosserin wird von verantwortungsvollen Positionen ausgeschlossen, weil sie Handwerkerin ist. All das soll es bei Stärkande nicht geben. Das bedeutet nicht, dass alle Menschen bei Stärkande gleich sind. Sie werden aber gleich behandelt, wenn sie über dieselben Kompetenzen verfügen und dies wünschen.

Was heißt das konkret? Die Stärkanderinnen betreiben objektive, zuverlässige und valide Kompetenzdiagnostik. Das ist ein wichtiger Baustein erfolgreichen Diversity-Managements. Beförderungsprozesse werden von einer externen und objektiven Personalberatung begleitet. Neue Kolleginnen werden von diversen Teams ausgewählt. Wenn klar ist, wer welche Kompetenzen besitzt, werden Kreise möglichst divers zusammengesetzt (in diese Richtung wurde auch Thufir programmiert), damit die Kreativität stimuliert werden kann. Bei Stärkande gibt es keine symbolische Gleichbehandlung. Ein älterer Mitarbeitender wird nicht extra in ein Scrum-Team geholt, weil er alt ist, und eine Frau wird nicht symbolisch zur Phylarchin befördert, weil sie eine Frau ist. Viel zu groß wäre die Gefahr, dass durch symbolisches Handeln grundsätzliche Diskriminierungstendenzen erhalten bleiben würden. Stärkanderinnen wissen, welche positive Effekte Diversität beispielsweise auf kreative Prozesse haben kann. Auch ist ihnen bekannt, dass es manchmal Nachfragen, Geduld und Abstimmung braucht, um unterschiedliche Perspektiven verstehen und nutzen zu können.

Halten wir also insgesamt fest, dass die Stärkanderinnen nicht nur Werte haben, die sie anstreben und fördern möchten. Zusätzlich gehört es zur Kultur von Stärkande, dass abgelehnte Werte explizit gemacht werden. Die Stärkanderinnen machen sich bewusst, welche Kultur sie möchten und welche sie verschmähen. Mich hat diese Klarheit der Stärkanderinnen immer fasziniert.

Axiom Nr. 17: Meilensteine haben die Römer aufgestellt – Stärkande arbeitet in Schleifen

Um in der Antike, im Mittelalter oder in der frühen Neuzeit Entfernungen zu markieren und zielsicher reisen zu können, wurden Meilensteine in der Landschaft aufgestellt. In einer Zeit ohne Karten war das sehr hilfreich und die Post konnte damit das Porto berechnen. Später haben Meilensteine dann den Weg in das Projektmanagement gefunden: Am Anfang eines Projektes wird ein Ziel festgelegt, zumeist stammt es von einer Person oder einer kleinen Gruppe, die glaubt, sie habe die Lösung für ein wichtiges Problem gefunden. Danach werden Unterziele festgelegt. Das sind die Meilensteine, die dann nach und nach in linearer Abfolge abgearbeitet werden. In einer überschaubaren und stabilen Welt ohne Überraschungen war dies eine effiziente Vorgehensweise, um Projekte zu managen. Auch Stärkande arbeitete in den ersten beiden Jahren nach der Unternehmensgründung auf diese Weise.

Häufig war damals Jessica das Programmiergenie mit einer vermeintlich tollen Idee. Dann wurde ein langfristiger Meilensteinplan festgelegt, um die Software zum Laufen zu bekommen. Alle Prozessschritte wurden in einer Excel-Liste fixiert. In der Liste konnte jeder im Team einsehen, wer was bis zu welchem Zeitpunkt in den nächsten Monaten zu erledigen hatte. Das Projekt war durchgeplant, und am Anfang des Projekts hatten alle das Gefühl, wirklich alles im Griff zu haben.

Dann begannen die Programmierinnen, zusammen mit Jessica die Meilensteine abzuarbeiten. Nach wenigen Tagen wurde die Excel-Liste geöffnet und angepasst – und danach immer öfter. Sie hatten vergessen, an dieses oder an jenes zu denken. Das File erhielt immer mehr Zeilen und Spalten. Die Programmiererinnen verloren sich im Detail und Jessica verlor den Überblick. Schwierigkeiten entwickelten sich, die niemand erwartet hatte, und das größte Problem war die Kundin: Sie war zu Beginn des Projekts bei der Zielfindung involviert gewesen und dann sah man sie erst bei der Produktübergabe wieder, und hier kam es zu Konflikten. »So hatten wir uns das aber nicht vorgestellt«, hörte Jessica von ihren Kundinnen oder »Sie haben ja gar nicht an das gedacht« oder »nach ein paar Tagen haben wir festgestellt, dass das so nicht klappt« und ganz häufig »Ja, vor einem Jahr war das ja richtig, Frau Stärkande, aber heute muss das Programm auch berücksichtigen, dass …«. Die Folge waren Frustration und vor allem Mehrarbeit.

Zunächst versuchte Jessica am Anfang eines Projektes, noch exakter die Bedürfnisse der Kundinnen und die Anwendungssituation zu explorieren. Die Zielstellungen wurden immer detaillierter und die Excel-Listen länger, aber das half letztlich überhaupt nichts. Immer wieder stellten die Stärkanderinnen fest, dass die Kundin erst wusste, was sie für ein Programm brauchte und welchen Anforderungen es in der Praxis genügen sollte, nachdem es fertig waren. Doch dann war es zu spät. Ein Friedhof gescheiterter Programme entstand, und jedes Mal, wenn Jessica den entsprechenden Ordner auf dem Computer öffnete, überkam sie Wut.

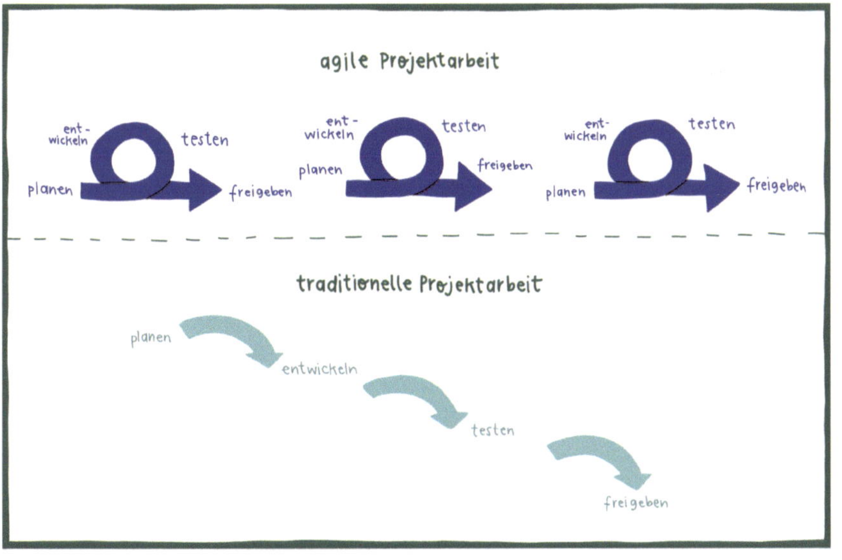

Abb. 12: Agile vs. traditionelle Projektarbeit

Jessica war wütend auf ihre Kundinnen. Manchmal war sie wütend auf ihre Mitarbeitenden. Doch Alia überzeugte Jessica, dass weder die Kundinnen noch die Mitarbeitenden das Problem seien. Das Problem waren die Art und Weise, wie Jessica Projekte organisierte, und die VUKA-Welt, die schon damals die Arbeit von Stärkande und ihrer Kundinnen zu dominieren begann. Die Volatilität, Unsicherheit, Komplexität wie auch Ambiguität der Kundinnensituation führte dazu, dass sich die Projekte immer dynamischer veränderten und mit der Wasserfallmethode nicht zu beherrschen waren: Mit den Zielen veränderten sich während des Projekts permanent auch Ausgangszustand und Meilensteine. Um in der Metapher der Meilensteine zu bleiben: Mühsam wurden preußische Rundkopfmeilensteine zwischen Potsdam und Wiesbaden aufgestellt, doch plötzlich war der Start in Hannover und das Ziel könnte statt Wiesbaden auch Frankfurt sein. Zusätzlich verschwanden häufig Meilensteine oder veränderten selbstständig ihre Position, sodass Jessica mit ihrem Team am falschen Ziel ankam, obwohl sie gewissenhaft gearbeitet hatten. Ein neues System musste her und hier bediente sich Stärkande bei der agilen Projektarbeit und Scrum. Agiles Arbeiten gehört mittlerweile zum Standard in vielen Unternehmen und wird häufig schon wieder abgewickelt. Ein Element der agilen Projektarbeit wollten sich die Stärkanderinnen aber unbedingt langfristig erhalten.

Bei Stärkande wird bei allen Innovationen und Kundinnenprojekten in Schleifen gearbeitet. In anderen Unternehmen heißen die Schleifen oft Sprints, doch diesen Namen fanden die Stärkanderinnen schwierig: Kein Mensch kann ständig durch das Arbeitsleben sprinten, das wäre nicht gesund und hätte falsche Assoziationen geweckt. Bei Stärkande werden also keine fixen Meilensteine und starren Ziele formuliert, sondern Intervalle. Diese Intervalle werden Schleifen genannt und sind in der Regel vier Wochen lang. Innerhalb dieser Zeit hat das Team die Aufgabe, ein brauchbares Stück Software zu programmieren oder ein geeignetes Gestell für einen neuen Bürostuhl zu bauen (nicht nur die IT-lerinnen bei Stärkande arbeiten in Schleifen).

Am Anfang einer Schleife bespricht sich der Kreis lange und entscheidet gemeinsam, welche Idee bzw. welcher Teil der Innovation den größten Nutzen für die Kundin stiften würde. An dieser Stelle wird die interne oder externe Kundin des Produktes involviert, wird ihre Sichtweise einbezogen: Im Interview wird herausgefunden, welche Bedürfnisse das Produkt befriedigen muss. Ist es z. B. wichtig für den Entwurf eines Bürostuhlgestells, auf welchem Untergrund er steht? Muss der Stuhl manchmal platzsparend verstaut werden können? Häufig interviewen die Stärkanderinnen nicht nur die Einkäuferinnen des Produktes (also etwa die HR-Leiterin für eine HR-Software oder die Einkäuferin für Büromöbel), sondern auch die Personen, die später mit der Software arbeiten müssen (die Personalreferentinnen und die Mitarbeitenden), oder die Menschen, die später auf dem Bürostuhl sitzen müssen. Die Stärkanderinnen zwingen sich und die Kundin immer wieder zur Reflexion darüber, wie das Produkt im späteren Alltag eingesetzt wird:

> »Wo findest du den Stuhl, wenn du nach zwei Tagen im Homeoffice zurück im Büro bist?«
> »Was ist das Erste, was du auf der App sehen musst, damit du dich zurechtfinden kannst?«

Nach der Entscheidung, an welchem Teil der Innovation gearbeitet wird, und der Exploration von Kundinnenbedürfnissen und Anwendungssituation beginnt die eigentliche Entwicklungsarbeit. Die Aufgaben werden verteilt und die Mitglieder eines Kreises wissen, dass nach vier Wochen etwas Brauchbares präsentiert werden muss. Während der Schleife trifft sich der Kreis mindestens zweimal pro Woche zu einem Stand-up-Meeting. Manchmal finden die Stand-ups auch häufiger statt, das entscheidet der Kreis selbstständig. Den verbreiteten Zwang des Daily Stand-up vieler Scrum-Teams gibt es bei Stärkande übrigens nicht. Das würde auch nicht funktionieren, denn die Stärkanderinnen arbeiten in der Regel in mehreren Kreisen gleichzeitig.

Während der Stand-ups – die wirklich im Stehen abgehalten werden und nie länger als 30 Minuten dauern – werden von allen Teammitgliedern die folgenden Fragen beantwortet:

- Was habe ich seit dem letzten Meeting getan?
- Was plane ich, bis zum nächsten Meeting zu tun?
- Welche »Blocker« behindern meine Arbeit?
- Wobei brauche ich Hilfe?[36]

Wenn Stärkanderinnen Hilfe brauchen, dann wird ihnen geholfen. Handelt es sich um eine kurze Hilfe (z. B. kann eine Information entblockend wirken), dann wird das direkt im Stand-up getan. Benötigt die Hilfe mehr Zeit, dann wird die Zeit des Postmeet genutzt; auch dafür ist eine feste halbe Stunde im Kalender reserviert. Diese Art Meetings sorgen für eine sehr effiziente Koordination der Projekte und helfen dabei, Kolleginnen kontinuierlich zu entblocken und das Projekt voranzubringen.

Am Ende der Schleife steht das Schleifen-Review an, darin stellt das Team die Ergebnisse aus der Schleife vor und holt sich Feedback für die geleistete Arbeit. Wird z. B. die neue Funktion einer App vorgestellt, werden dazu die Kundinnen und potentielle Nutzerinnen sowie weitere Stakeholder eingeladen, die für das Projekt wichtig sind. Häufig kommt etwa jemand mit einer Marketing- oder Vertriebsrolle dazu, um frühzeitig zu sehen, in welche Richtung sich das Projekt entwickelt. Nach der Präsentation diskutieren die Entwicklerinnen über die größten technischen, manchmal aber auch zwischenmenschlichen Herausforderungen während der Schleife.

Dieses frühe Feedback im Schleifen-Review hilft enorm, um das Produkt rechtzeitig sichtbar und diskutierbar zu machen. So können schon zu Beginn die Anforderungen der Kundinnen und Nutzerinnen gehört und integriert werden. Vor allem aber verhindert das Feedback, dass ein falscher Weg bis zum Schluss beschritten wird und dann aufwendig korrigiert werden muss. Auch wird regelmäßig das Empowerment-Erleben stimuliert. Denn die Entwicklerinnen erkennen schon ganz früh den Sinn eines Produktes und entwickeln ihre Kompetenzen durch das Feedback weiter. Dazu lässt sich in Schleifen viel selbstbestimmter arbeiten.

Durch die Arbeit in Schleifen konnte die Bearbeitungszeit der Projekte bei Stärkande um die Hälfte verkürzt werden. Diese Arbeitsweise macht den Mitarbeitenden nicht nur Spaß und verhindert Mehrarbeit, sondern sie fördert auch den ökonomischen Erfolg von Stärkande.

Axiom Nr. 18: Open Book Empowerment – radikale Öffnung der »Bücher«

In der Betriebswirtschaftslehre wird vereinzelt mit dem »Open Book«-Ansatz gearbeitet. Der Begriff des Open-Book-Management wurde von Jon Case und seinem Buch »Open-book management: The coming business revolution« geprägt.[37] Eine echte Revolution hat das Buch nicht ausgelöst, aber zumindest konnte Stärkande ein paar Ideen für das Unternehmen nutzen.

Die Grundidee ist relativ simpel. Beim Open-Book-Management sollen alle Mitarbeitenden vom Facility Manager bis zur Vorständin über die relevanten Geschäftszahlen ihres Unternehmens informiert sein. Der klare Schwerpunkt dabei liegt auf den Finanzdaten, jede Mitarbeitende soll wissen, wie es dem Unternehmen finanziell geht: Welche Einnahmen stehen welchen Ausgaben gegenüber? Die Mitarbeitenden sollen begreifen, mit welchen Produkten das Unternehmen Geld verdient und mit welchen Produkten Geld verbrannt wird. Zwischen dem eigenen Verhalten und wichtigen Finanzdaten soll auf diese Weise ein Zusammenhang erkennbar werden. Was passiert mit dem Deckungsbeitrag, wenn wir eine neue Maschine anschaffen oder Materialkosten bei einem Produkt einsparen? Wie viel Gewinn hat das Unternehmen durch die neue Kundin erzielt, den das Projektteam akquiriert hat? Die Mitarbeitenden sollen ihr eigenes Verhalten als einflussreich auf den Unternehmenserfolg erleben und autonomer handeln. Wer seinen Einfluss versteht und autonom handelt, wird dadurch empowert.[38]

Das ist die Kernidee des Open-Book-Managements und das passte im Grunde sehr gut zur Ausrichtung von Stärkande. Für die Einführung dieses Ansatzes wurde ein Kreis gebildet, der viel Unterstützung von der generellen Support-Crew bekam. Schnell war dem Kreis klar, dass der ursprüngliche Ansatz zu eng und neoliberal auf Finanzdaten konzentriert war. Die Stärkanderinnen konnten nicht nachvollziehen, dass in einem Unternehmen nur Finanzdaten wichtig sein sollten – das war für sie ein typisches Symptom maschinellen Denkens. »Man kann doch auch einen Körper nicht nur über den Blutzuckerspiegel verstehen«, hörte ich ein Kreismitglied sagen. »Das Blutbild einer Organisation muss breiter bestimmt werden«.

Also werden bei Stärkande mehr »Bücher« als z. B. der Nettogewinn pro Vollzeitstelle oder der Human Capital Return on Investment aus der Bibliothek geholt und geöffnet. Stärkandes Bibliothekar ist Thufir, jede Mitarbeitende kann sich bei der KI über folgende Daten informieren, die über die bloßen Finanzdaten hinausgehen:

DATEN, DIE THUFIR FÜR DIE STÄRKANDERINNEN BEREITSTELLT

- Entwicklung der gemittelten Krankheitstage
- Entwicklung der Fluktuation (Fluktuationsrate)
- Durchschnittlicher Personalaufwand
- Anzahl der Kinder in der Phylen-Kita
- Anzahl der Neueinstellungen
- Zufriedenheit mit dem Onboarding
- Anzahl Weiterbildungen pro Phylen-Mitglied
- Altersstruktur der Phyle
- Anzahl der Supporterinnen, Kreise, Kreismitglieder und Phylarchinnen pro Phyle
- Daten aus der Mitarbeitendenbefragung, wie z. B.:
  - Arbeitszufriedenheit
  - psychologisches Empowerment
  - Team-Empowerment
  - Vertrauen gegenüber Stärkande
  - Psychologische Sicherheit in den Kreisen

Dabei wird natürlich die Anonymisierung der Informationen gewährleistet. Die Daten werden von Thufir lediglich pro Phyle berechnet und auch nur dann, wenn eine Phyle mehr als 25 Mitarbeitende besitzt. Durch die Perspektiv-Erweiterung erhalten die Mitarbeitenden Zugang zu zusätzlichen Daten, die Stärkande wichtig sind. Dadurch konzentrieren sie sich nicht einseitig auf die Finanzdaten, sondern haben auch die Krankheitstage und das psychologische Empowerment im Blick. Besonders wertvoll ist, dass die Daten in einer Entwicklungsperspektive betrachtet werden können. Thufir und die App können darstellen, wie sich z. B. das Empowerment-Erleben in einer Phyle über die letzten zehn Jahre entwickelt hat.

Doch die Stärkanderinnen erhalten von Thufir nicht nur Finanzdaten und Informationen zum psychologischen Empowerment im eigenen Unternehmen. Sie werden auch mit Daten aus dem Research-Team versorgt, das zur Konkurrenz recherchiert. Wie entwickelt sich der Umsatz bei den Harkonnen? Wie lange dauert die Reaktion auf eine Reklamation bei anderen IT-Dienstleistern? Welche Strategien verfolgen vergleichbare Unternehmen? In welchen Branchen konnte das Research-Team

Wachstumsmöglichkeiten identifizieren? Außerdem greift Thufir auf wissenschaftliche Erkenntnisse zu und stellt den Mitarbeitenden eigenständig identifizierte Artikel zur Verfügung. Wenn die Stärkanderinnen keine Zeit zum Lesen haben, dann liest ihnen Thufir den Text vor. Die Mitarbeitenden von Stärkande sollen so ihre täglichen Entscheidungen möglichst autonom, aber auch evidenzbasiert treffen. Dafür sind Thufirs Daten und Analysen in der App von großem Wert.

Axiom Nr. 19: Stärkanderinnen gehen auf Jagd – regelmäßige Durchführung von Bureaucracy Bustern

Spätestens jetzt müssten Sie festgestellt haben, dass der hohe Grad an Selbstorganisation bei Stärkande nur funktioniert, wenn Regeln der Zusammenarbeit existieren, an die sich die Stärkanderinnen halten. Regeln geben Halt, Bürokratie gibt Sicherheit. Durch Regeln und Bürokratie wird der Alltag verlässlich, man ist nicht mehr der Willkür einzelner Personen ausgesetzt. Die Stärkste in der Gruppe kann nicht mehr allein ihre Agenda durchsetzen, wie das früher den Unternehmenspatriarchen oder Grafen und Königen möglich war. Darüber hinaus helfen Regeln und Bürokratie dabei, dass die Koordination der Zusammenarbeit besser gelingt, das Miteinander wird im besten Fall vorhersehbar. Man kann sich auf andere verlassen und die Arbeit verläuft konfliktfreier. Mehr noch: In Regeln stecken die Lösungen von Problemen der Vergangenheit. Bürokratie und Regeln haben somit einen Wert; vor allem für Unternehmen mit starker Selbstorganisation.

Doch Regeln haben die Angewohnheit, dass sie wie ein Magnet wirken: Eine Regel zieht magnetisch die nächste Regel an. Das wird durch Teile der Belegschaft gefördert, die ganz verliebt in die DSGVO und andere Regelwerke sind. Das Erfinden von Regeln und Bürokratie macht ihnen Spaß und spendet ihnen Macht; es beruhigt sogar ihre ängstliche Seele, wenn sie Ordnung in ein vermeintlich ungeordnetes System bringen. Und im Einzelfall scheinen viele Regeln sogar vernünftig zu sein – doch gilt das für die Gemeinschaft nicht immer. Manche Regeln disziplinieren und koordinieren das Verhalten von fünf Prozent der Belegschaft und behindern gleichzeitig die Arbeit der restlichen 95 Prozent. Auch waren viele Regeln in der Vergangenheit sinnhaft. Doch die Umwelt verändert sich, und zwar rasant. Viele Unternehmen arbeiten mit einer Bürokratie und Regeln aus dem vergangenen Jahrhundert. Regeln müssen in die Zeit passen, sonst produzieren sie Kosten. Und das sind handfeste finanzielle, aber auch psychische Kosten. Der Kostenpunkt wird in Unternehmen häufig übersehen. Alia und Raphael haben mir diesen Punkt an einem Beispiel erläutert:

Abrechnung von Dienstreisen bei Stärkande

Die Abrechnung von Dienstreisen kostete Stärkande früher viel Zeit. Regelgerechtes Ausfüllen der Formulare, Einscannen von Belegen, Beantworten von Controlling-Nachfragen – schnell kam eine Stunde Arbeitszeit und mehr zusammen. Die Arbeitskosten inklusive Controlling addierten sich so zu einem Betrag, der deutlich höher lag als die Reisekosten (s. u.: Modell »Bürokratie«). Deswegen verzichtet Stärkande heute auf den bürokratischen Aufwand und überweist die Reisekosten automatisch. Die Stärkanderinnen schreiben schlicht eine E-Mail an die Kostenstelle der Phyle und bitten z. B. um die Überweisung von 80 Euro für die Reise nach XY. Beide Modelle gegenübergestellt ergab sich folgende Rechnung für die Stärkanderinnen:

Rechnung I: Modell »Bürokratie«

- 1.000 Mitarbeitende, die pro Jahr durchschnittlich vier Dienstreisen mit einem Betrag von je unter 100 Euro unternehmen
- Bürokratiekosten für die Mitarbeitenden = 1 Arbeitsstunde, die 100 Euro Personalkosten produziert
- Bürokratiekosten für die Controllerinnen, die die Abrechnungen kontrollieren = 0,5 Arbeitsstunden = 50 Euro Personalkosten

Kosten (exkl. Reisekosten) = 1000 x 4 x 150 € = **600.000 €**

Rechnung II: Modell Freiheit

- Nur noch 2 % der vorherigen Arbeitszeit müssen investiert werden; es wird lediglich eine E-Mail an die Kostenstelle geschrieben
- Es entstehen keine Kontrollkosten, denn der Betrag wird nicht kontrolliert
- Schätzung: 5 % der Abrechnungen sind falsch, dabei verliert das Unternehmen maximal 100 Euro; durchschnittlich 50 Euro (200 falsche Abrechnungen x 50 Euro = 10.000 Euro)

Kosten (exkl. Reisekosten) = 1000 x 4 x 2 € + 10.000 € (falsche Abrechnungen) = **18.000 €**

Die Stärkanderinnen sparen durch das Modell »Freiheit« jedes Jahr über 500.000 Euro. Und da waren noch nicht einmal die psychischen Kosten eingepreist, die das Abrechnen von Reisen produziert. Für viele Arbeitnehmerinnen und auch Professoren wie mich gehören Dienstreiseabrechnungen zu den schlimmsten Tätigkeiten, die mein Berufsleben mit sich bringt. Diese Tätigkeit nervt mich und meine Kolleginnen außerordentlich. Im Modell »Freiheit« müssen dagegen weniger als vier Prozent der ursprünglichen Summe aufgewendet werden und das selbst bei der ungünstigen Hypothese, dass tatsächlich jedes Jahr 10.000 Euro zuungunsten des Unternehmens abgerechnet werden würden. Das neue System war so erfolgreich, dass Stärkande heute für alle Dienstreisen das Modell »Freiheit« nutzt. Vor allem für die oft reisenden Beraterinnen war das eine große Erleichterung. Das Beispiel verdeutlichte der Boule, dass es wichtig sein könnte, regelmäßig über den Sinn von Regeln nachzudenken und kostspielige Regeln abzuschaffen.

Doch Unternehmen haben leider nur eine unzureichende Kompetenz entwickelt, Regeln wieder verschwinden zu lassen. Unternehmen sind geübt darin und haben etablierte Prozesse, um neue Bürokratie und Regeln zu entwickeln, aber sie sind komplett ungeübt, wenn es darum geht, diese wieder loszuwerden. Das galt auch für Stärkande. Doch Regeln brauchen in der VUKA-Welt ein regelmäßiges Update. Deswegen werden bei Stärkande regelmäßig sogenannte »Bureaucracy Buster« durchgeführt. Ziel der Buster ist es, auf Unternehmens- wie Phylen-Ebene solche Regeln aus dem Organisationssystem zu entfernen, die zu teuer sind oder das Empowerment-Erleben der Mitarbeitenden zu stark behindern. Grundvoraussetzung ist, dass alle Stärkanderinnen wissen, dass Regeln Nutzen, aber auch Kosten produzieren. Doch wie funktioniert ein Bureaucracy Buster?

Solch ein Buster beginnt im Alltag der Stärkanderinnen. Denn dort erleben die Mitarbeitenden den Nutzen wie die Kosten von Regeln und Bürokratie. Deshalb sind sie alle aufgefordert, den eigenen Stärkande-Alltag hinsichtlich Regeln und Bürokratie zu screenen, die viele Kosten und gleichzeitig wenig Nutzen bringen. Die identifizierten Regeln stellen die Stärkanderinnen Thufir vor. Sie beschreiben die Regeln und wie sie diese erleben. Weiterhin erläutern sie Thufir, was aus ihrem Blickwinkel der Nutzen und was die Kosten der Regel sind. Diese Infos stellt Thufir in der Mitarbeitenden-App ein. Unter dem Button »Bureaucracy Buster« können alle Stärkanderinnen eingestellte Beiträge sehen und auch kommentieren. Vier Wochen vor dem nächsten Buster werden alle Stärkanderinnen von Thufir aufgefordert, über die Beiträge abzustimmen: Die Regeln mit den höchsten Negativwerten (hohe Kosten und wenig Nutzen) werden im nächsten Buster behandelt.

Der Buster selbst dauert einen Tag lang. Für jede Regel gibt es eine Arbeitsgruppe, in der eine Person vertreten ist, die bisher administrativ mit der Regel zu tun hatte oder sie ggf. sogar selbst eingeführt hat. Ebenfalls anwesend ist die Person, die die betreffende Regel in die App eingestellt hat. Dazu kommen Stärkanderinnen, die sich für das Thema und den Themenbereich der Regel interessieren. Dann wird gemeinsam an der Regel gearbeitet, gestritten und abgewogen. Zum Schluss gibt es vier mögliche Resultate:

- Die Regel wird abgeschafft.
- Die Regel wird verändert.
- Die Regel wird durch eine andere Regel ersetzt.
- Die Regel bleibt erhalten.

Im zweiten Teil des Tages werden die Ergebnisse der Arbeitsgruppen öffentlich präsentiert und im Plenum noch einmal herausgefordert. Zum Schluss werden Stärkanderinnen bestimmt, die sich um die Implementierung der Ergebnisse im Alltag kümmern.

Diese Bureaucracy Buster haben Stärkande geholfen, regelmäßig Regeln aus dem System zu entfernen, aber vor allem haben sie eine Kultur etabliert, in der die Einführung, aber auch die Abschaffung von Regeln aktiv und kritisch reflektiert wird. Und letztlich dient das auch der bleibenden Bürokratie: Denn Regeln, die einen Buster überlebt haben, werden vollkommen anders wahrgenommen, sie werden akzeptiert und bereitwillig gelebt.

Axiom Nr. 20: Geregelte Freiheit – Homeoffice plus, das für alle bei Stärkande gut ist

Schon sehr früh erhielten Stärkanderinnen die Möglichkeit, mehrere Tage pro Woche im Homeoffice zu arbeiten. Wie das kam? Als Beiratsmitglied hatte ich die Archontinnen und die Boule mit den Ergebnissen einer Studie genervt: In ihrer Metaanalyse hatten Ravi S. Gajendran und David A. Harrison von der Pennsylvania State University über 40 Studien mit fast 13.000 Teilnehmenden ausgewertet. Sie konnten schon 2007 zeigen, dass mobile Arbeit nicht nur den Stress der Mitarbeitenden senken konnte, sondern auch deren Fluktuationsabsichten. Gesteigert wurden gleichzeitig die Arbeitszufriedenheit und Arbeitsleistung der Arbeitnehmerinnen. Vermittelt wurden die Effekte vor allem durch das gesteigerte Gefühl von Autonomie. Menschen, die die Möglichkeit haben, im Homeoffice zu arbeiten, erleben mehr Empowerment.[39] Das war mein wichtigstes Argument in einer turbulenten Boule.

Die Phylarchinnen brachten in das Boule-Meeting immer wieder neue Argumente ein, warum mobile Arbeit nicht funktionieren könne. Einer meinte, dass man dann mehr Personal einstellen müsse, eine andere Phylarchin brachte den Datenschutz ins Spiel (ein Argument, das schon damals gern genutzt wurde, um Innovationen zu verhindern). Irgendwann platzte mir der Kragen. Ich rief in den Raum – manche erinnern sich, dass ich sehr laut gerufen habe; wenige, dass es ein Brüllen gewesen sei –, dass es ja wohl nicht sein könne, dass sich ein Unternehmen psychologisches Empowerment auf die Fahne schreibe und gleichzeitig Arbeitszeit und Arbeitsort wie im 19. Jahrhundert organisieren würde.

Das ließ die Phylarchinnen verstummen. Es entstand jene laute Stille, die auftritt, wenn die Aufregung in einem Raum explodiert ist und jeder weiß, dass jetzt alles gesagt ist, was gesagt werden musste. Diese Stille wurde für eine Pause genutzt, während der ich mich ein wenig für die Lautstärke meiner Rede schämte. Als wieder alle im Raum waren, entschuldigte ich mich dafür. Dann bohrte die Moderation nach, was hinter dem Widerstand stecken könnte. Auffällig war, dass allein die Phylarchinnen und nicht die Archontinnen viele Schwierigkeiten sahen und aktiven Widerstand leisteten.

Die psychologische Sicherheit, die die Boule-Meetings damals schon ausmachten, führte zum Bekenntnis und dann zur Erkenntnis. Erst öffnete sich Martina May, andere Phylarchinnen folgten. Sie sagten, dass sie Angst hätten: Angst vor mobiler Arbeit, vor Mitarbeitenden, die nicht mehr erreichbar sein könnten. Angst vor Kontrollverlust. Dieser Moment und der Mut, Ängste offen anzusprechen, waren das entscheidende Erfolgskriterium für alles, was danach folgte. Die Ängste waren am Anfang des Prozesses transparent geworden und nicht am Ende. Und dann arbeitete Stärkande an und mit der Angst der Phylarchinnen, denn die Angst lenkte die Aufmerksamkeit auf wichtige Fragen, die geklärt werden mussten, bevor mobile Arbeit bei Stärkande eingeführt werden konnte.

Im Frühjahr 2014 wurde ein Kreis mobile Arbeit bei Stärkande gegründet. Er wurde mit Raphael, fünf Phylarchinnen und fünf Mitarbeitenden aus verschiedenen Phylen besetzt. Dazu kamen noch eine Vertreterin des Betriebsrats sowie zwei Fachexpertinnen aus der HR-Support-Crew. Komplettiert wurde die Gruppe durch mich als wissenschaftlichem Beirat, denn ich hatte ja den Prozess angestoßen.

Moderiert wurde die Gruppe von dem externen Experten einer Unternehmensberatung. Im ersten Workshop musste zunächst einmal geklärt werden, was überhaupt bei Stärkande praktiziert werden soll. Zur Auswahl standen vier Modelle:

ALTERNATIVEN FÜR DIE HYBRIDE ZUSAMMENARBEIT DER STÄRKANDERINNEN

Mobile Arbeit: Es darf von überall gearbeitet werden (auch im Café oder aus der Ferienwohnung in Mallorca) ⊗

Homeoffice: Ein fester Arbeitsplatz zu Hause, von dem aus gearbeitet wird, wenn die Mitarbeitende nicht im Betrieb ist ⊗

Homeoffice plus: Ein fester Arbeitsplatz mit einigen weiteren vorher definierten Arbeitsorten (z. B. eine Ferienwohnung) ✓

Mobile Arbeit minus: Es darf überall gearbeitet werden, außer an definierten Orten (z. B. öffentliche Orte wie ein Café oder ein Park) ⊗

Lange schwankte es bei den Stärkanderinnen zwischen den Modellen »Homeoffice plus« und »Mobile Arbeit minus«. Wenn es viel minus bei der mobilen Arbeit gibt und viel plus beim Homeoffice, dann sind die beiden Modelle nicht mehr zu unterscheiden. Da sich plus besser als minus anhört, fiel die Entscheidung für das Modell »Homeoffice plus«. Das bedeutet, die Stärkanderinnen arbeiten, wenn sie nicht im Betrieb sind, zu Hause oder an vorher definierten Orten, die sie in der Phyle mit den Phylarchinnen und den Kolleginnen in den Kreisen abstimmen.

Als nächstes musste geklärt werden, wie viele Tage Homeoffice den Stärkanderinnen ermöglicht werden sollten. Die Diskussion kam lange nicht weiter. Zwischen einem und fünf Tage pro Woche standen alle Optionen zur Debatte und es gab für jede Möglichkeit Befürworterinnen. Das Problem konnte erst gelöst werden, als die Kolleginnen anfingen, darüber nachzudenken, welche Tätigkeiten sie im Homeoffice und welche sie vor Ort ausführen wollten. Die Sammlung und Abstimmung ergab folgende Aufteilung für die Mehrheit der Stärkanderinnen:

- **Tätigkeiten im Homeoffice:** Programmierungen, die allein durchgeführt werden können, Konzeptarbeit, Stillarbeit und Fokussierung, Telefonate, Erholung
- **Tätigkeiten vor Ort:** Mitarbeitergespräche, Kreativitätstätigkeiten, Pair Programming, Kundinnenpräsentationen, Archona, Council- und Phylen-Meetings, Onboarding, Netzwerken, Wissensaustausch, gemeinsames Lernen

Die Stärkanderinnen in der Arbeitsgruppe entschieden sich bewusst dafür, dass sie ihre zentralen Meetings und Mitarbeitendengespräche in Präsenz und nicht online durchführen wollten. Dadurch ergaben sich deutlich mehr Tätigkeiten vor Ort als im Homeoffice und somit konnte nun auch beantwortet werden, wie viele Tage Homeoffice bzw. wie viele Begegnungstage vor Ort notwendig waren. Die Stärkande-Gemeinschaft entschied sich für die folgende Aufteilung:

Homeoffice: Zwei Tage pro Woche
Begegnungstage: Drei Tage pro Woche

Ich fand diese Aufteilung zunächst ziemlich konservativ. Zwei Tage Homeoffice, und das soll New Work sein? Aber ich dachte, dass das jedes Unternehmen selbst entscheiden muss, es gibt keine Pauschallösung und Schablonen. Die kommunikative Selbstorganisation, also die Seele und der Kern von Stärkande braucht mehr persönliche Begegnung und Kommunikation. Das habe ich verstanden und akzeptiert.

Die nächste wichtige Schleife für die hybride Arbeit war der Entwurf einer Betriebsvereinbarung. Hier erwies es sich als sehr günstig, dass der Betriebsrat Teil der Arbeitsgruppe war und die Hintergründe des Entwurfs kannte. Danach gab es zwei weitere Großaufgaben im Projekt: Ausstattung und Schulungen. Jede Mitarbeitende, für den Homeoffice infrage kam, erhielt einen Laptop zur Verfügung gestellt. Das war im Jahr 2014 ebenso wenig eine Selbstverständlichkeit wie stabile Internetverbindungen mit einer hohen Datenübertragungsrate (z. B. erfüllte Jessicas Bauernhof diese Bedingungen nicht). Deswegen wurden alle Mitarbeitenden, die außerhalb der Stadt arbeiteten, mit einem Internet-Stick ausgestattet. Mit einem Laptop waren die Stärkanderinnen so über einen mobilen Hotspot einsatzfähig.

Als nächstes wurden die Mitarbeitenden psychisch für die neue Arbeitssituation fit gemacht, sie lernten in Schulungen, wie sie psychisch gesund und erfolgreich im Homeoffice arbeiten können: Zum Beispiel dass es wichtig ist, nicht das Schlafzimmer mit Arbeit zu kontaminieren und so einer Einschlafstörung Vorschub zu leisten. Die Stärkanderinnen erfuhren weiterhin viel über Zeit- und Pausenmanagement und verpflichteten sich, die eingesparten An- und Abreisezeiten nicht durch Arbeit zu ersetzen, sondern durch eine Freizeittätigkeit. Schließlich ist allen klar: Eigentlich kann niemand mehr als acht Stunden pro Tag effektiv arbeiten (die meisten Menschen sogar deutlich weniger).

Die Schulungen fanden in den Kreisen statt und so wurden die Workshops auch als Teamentwicklungsmaßnahme genutzt. Die Kreise entwickelten im zweiten Teil der Schulungen eigene Regeln, wie sie kommunizieren möchten, wenn der Kreis räumlich getrennt war (Wie lange lasse ich mir mit einem Rückruf Zeit? Welches Thema kann ich online klären und für welches muss ich die Kolleginnen persönlich sehen?). Sie stimmten sich auch ab, wie sie die Regeln wieder loswerden könnten und wie sie mit Zufriedenheit und Unzufriedenheit im Homeoffice umgehen möchten. Bei Stärkande gibt es also ein paar allgemeine Regeln, und die restliche Zusammenarbeit wird in den Kreisen abgestimmt, denn die wissen am besten, wie sie ihre Arbeit organisieren müssen.

Nachdem die Mitarbeitenden sowohl technisch als auch psychisch fit für das Homeoffice gemacht waren, startete die hybride Zusammenarbeit bei Stärkande. Nach mehreren Korrekturschleifen lief und läuft das System gut. Als in der Corona-Pandemie die allgemeine Homeoffice-Pflicht kam, geriet deshalb bei Stärkande niemand in Panik. Die Zusammenarbeit über räumliche Grenzen war bereits erprobt und Stärkande konnte seine bewährten Dienste weiterhin allen Kundinnen ohne Einschränkung anbieten. Der Umsatz von Stärkande ist während der Pandemie so schnell gewachsen wie noch nie.

Der Alltag bei Stärkande sieht heute wie folgt aus: An zwei festen Begegnungstagen, Dienstag und Mittwoch, sind alle Stärkanderinnen vor Ort. Jede kann sich darauf verlassen, dass sie die Kolleginnen an diesen beiden Tagen antreffen kann (Urlaub und Krankheit natürlich ausgenommen). Sie fragen sich nun wahrscheinlich, wo der dritte Begegnungstag hingekommen ist? Der wird auf Phylen-Ebene und in manchen Phylen sogar auf der Ebene der Kreise festgelegt. Das heißt die Kolleginnen entscheiden gemeinsam mit ihren direkten Kolleginnen selbst, ob sie sich zusätzlich an einem Montag, Donnerstag oder Freitag sehen möchten. Auch das war eine interessante Änderung, die sich über die Zeit einstellte: Die Stärkanderinnen sprachen viel häufiger über die Begegnungstage als über die Homeoffice-Tage. Nicht wenige Stärkanderinnen verbringen sogar ihre Homeoffice-Tage im Betrieb, weil sie dann etwas von den Begegnungstagen der anderen Kreise und Phylen mitbekommen. Außerdem sind ja auch viele Mitarbeitenden-Kinder in den Räumlichkeiten von Stärkande.

Weiteres wichtiges Detail im hybriden Alltag von Stärkande: Thufir wird auch im Homeoffice genutzt, zu Beginn jeden Arbeitstages geben die Stärkanderinnen der KI Auskunft darüber, wo sie sich gerade befinden (im Homeoffice oder im Betrieb). Über Thufir ist der Arbeitsort für alle sichtbar – nicht, um die Kolleginnen zu kontrollieren, sondern um sie zu schützen. Denn bei den Stärkanderinnen gibt es ein Recht auf Stille und Konzentration im Homeoffice. Sehen die Stärkanderinnen, dass eine Kollegin sich im Homeoffice befindet, dann erwarten sie Stillarbeit und überlegen sich gut, ob ihr Anliegen wichtig genug ist, um die Person zu stören, oder es nicht bis zum nächsten Begegnungstag warten kann. Diese Trennung zwischen Stillarbeitsphasen und Kommunikationstagen ist sehr nachhaltig und vermindert Fehlbelastungen.

Das letzte Detail ist die Arbeitszeit: Die Stärkanderinnen haben sich für eine Gleit- und eine Kernarbeitszeit entschieden: Von 10 bis 16 Uhr gilt eine Kernarbeitszeit mit einer 45-minutigen Mittagspause. Diese Verlässlichkeit erleichtert die räumliche verteilte Zusammenarbeit – auch hier war die geregelte Freiheit der Schlüssel zum Erfolg.

Axiom Nr. 21: Räumliche Gestaltung – Stärkande ist ein guter Gastgeber für seine Mitarbeitenden

Sie haben kennengelernt, dass Stärkande seinen Mitarbeitenden seit vielen Jahren ermöglicht, im Homeoffice plus zu arbeiten. Sie wissen, dass sich die Stärkanderinnen für bestimmte Tätigkeiten in den Büros treffen. Entsprechend sind die Räumlichkeiten eingerichtet: Jede Phyle hat einen eigenen »Working Space«, dieser Raum kann von jeder Phyle aktiv und individuell gestaltet werden.

Dennoch gibt es Prinzipien der Raumgestaltung, die sich in jedem Working Space wiederfinden. Wenn ich eine Phyle von Stärkande betrete, dann spüre ich, dass ich mich bei Stärkande aufhalte, denn die Räumlichkeiten haben einen fühlbaren Wiederkennungseffekt. Das liegt natürlich auch daran, dass die hochwertigen Büromöbel von Stärkande nicht nur für Kundinnen, sondern auch für die Mitarbeitenden produziert werden. Die Mitarbeitenden sitzen auf Stärkande-Stühlen und programmieren an Stärkande-Schreibtischen. Hinzu kommt, dass alle Niederlassungen bei der Raumgestaltung von denselben Grundhaltungen beeinflusst worden sind, diese möchte ich Ihnen als nächstes vorstellen. Die erste Haltung kommt für Sie sicherlich nicht überraschend:

Haltung 1: Räume sollen das psychologische Empowerment der Mitarbeitenden fördern

Niederlassungen von Stärkande werden mit Blick auf das Erleben von psychologischem Empowerment errichtet und eingerichtet. Die Baupläne, die Möbel und Einrichtungsgegenstände werden darauf geprüft, wie stark sie das Erleben von Bedeutsamkeit, Kompetenz, Selbstbestimmung und Einfluss fördern. Alle Architektinnen und Innenarchitektinnen, die für Stärkande tätig sind, kennen die vier Dimensionen des psychologischen Empowerments und wissen, wie wichtig es für Stärkanderinnen ist, sich persönlich und im Team empowert zu fühlen. Räume sollen das Gefühl von Empowerment erleichtern und nicht behindern. Mit dieser Haltung konnten im Raumkonzept von Stärkande verschiedene Maßnahmen verwirklicht werden, beispielsweise die folgenden:

EMPOWERMENT IM RAUMKONZEPT VON STÄRKANDE

- **Selbstbestimmung durch Flexibilität:** Die Räumlichkeiten sind flexibel gestaltet und können dadurch multimodal genutzt werden. Viele Wände sind beweglich. Mitarbeitende können Wände bewegen und selbstbestimmt die Räume so verändern, dass sie zu ihren Arbeitsbedürfnissen passen. Auch die Büromöbel sind beweglich. Die meisten Möbel sind so leicht oder haben Rollen, dass sie von den Mitarbeitenden zu dem Ort gebracht werden können, wo sie diese benötigen.
- **Keine Machträume:** Bei Stärkande gibt es keine personalisierten Archontinnen- oder Phylarchinnen-Büros. Keine Stärkanderin besitzt ein eigenes Territorium, das sie besetzt hält. Die Phylarchinnen und Archontinnen arbeiten wie jede Mitarbeitende in der Fläche und damit unter und mit den Mitarbeitenden. Sie bitten nicht zur Audienz in ihre Büros, sondern der Kontakt und Austausch findet dezentral statt.
Da es keine Territorien gibt, haben die Territorialkämpfe aufgehört. Stärkanderinnen teilen die Räume miteinander. Es gibt Wir- statt Ich-Räume.
- **Sinn:** In den Räumlichkeiten treffen die Mitarbeitenden auf den Sinn von Stärkande. Sie sitzen sogar auf dem Sinn, denn jeder Stuhl stammt aus der Schreinerei von Stärkande. Auf den Screens begegnen den Stärkanderinnen Fotos und Plakate von Kundinnen und Produkten. Häufig werden auch Zitate der Kundinnen und kurze Videos gezeigt. Projekte, auf die Stärkanderinnen besonders stolz sind, werden in den Räumen ausgestellt und erlebbar gemacht. In jeder Phyle stehen mehrere »Pionierinnen« herum. Das sind menschengroße Astronautinnenfiguren, sie sollen die Stärkanderinnen daran erinnern, dass jede von ihnen eine Pionierin ist und der Sinn der eigenen Tätigkeit auch darin besteht, Neues zu entdecken.
- **Kompetenzförderung:** Kompetenz soll in den Räumlichkeiten dadurch ermöglicht werden, dass genügend Werkzeuge und Plätze für die tägliche Arbeit zur Verfügung stehen. Die Mitarbeitenden werden mit dem versorgt, was sie für ihre Tätigkeit benötigen. Brauchen sie für das Design Thinking Moderationsmaterial, dann finden sie genügend davon in den Kreativräumen. Vor allem die digitale Infrastruktur ist so gestaltet, dass die Mitarbeitenden kompetent arbeiten können. Wichtige Elemente sind hier unter anderem: Genügend Steckdosen und mobile Energieversorgungsgeräte, Touch-Bildschirme und smarte White-

boards (z. B. in den Präsentationsecken) sowie ein smartes Raumbuchungssystem, das gut mit Thufir verknüpft ist (»Thufir, in welchem Raum kann ich heute Nachmittag ein Meeting durchführen?«).

Haltung 2: Ein guter Gastgeber sein

Anziehen, fertig machen, zur S-Bahn laufen, mit der S-Bahn fahren, Schienenersatzverkehr, U-Bahn, nass geschwitzt im Büro angekommen. Das tut sich ein Mensch nur an, wenn er gezwungen wird – oder wenn ihn an dem Ort, an den er sich quält, etwas erwartet, für das es sich lohnt. Auf die Stärkanderinnen wartet in den Unternehmensräumlichkeiten eine Gemeinschaft, warten statt »Ich-Räume« viele »Wir-Räume«, die das Erleben dieser Gemeinschaft erleichtern. Darüber hinaus bemüht sich Stärkande, ein guter Gastgeber für seine Mitarbeitenden zu sein. Diese Grundhaltung spürt man in verschiedenen Maßnahmen. Als Gastgeber aufzutreten, bedeutet für Stärkande:

GASTFREUNDLICHKEIT IM RAUMKONZEPT VON STÄRKANDE

- **Desk Connector:** Am Empfang sitzt ein Desk Connector (siehe ausführliche Beschreibung unter Haltung 3). Der Desk Connector empfängt die Mitarbeitenden und hilft ihnen gemeinsam mit Thufir, die richtigen Arbeitsorte und Personen zu finden, die für die Aufgaben des Tages notwendig sind.
- **Freundliche Begrüßung:** Alle Stärkanderinnen sind in den Büros willkommen und werden von Thufir und dem Desk Connector persönlich begrüßt.
- **Gute Getränke:** Jede Stärkanderin hat Zugang zu einer guten Kaffeemaschine, die sie innerhalb von zwei Gehminuten erreichen kann. Alle Stärkanderinnen können sich in der Teeküche mit Wasser, Apfelschorle und Tee eindecken.
- **Gutes Essen:** In jeder Phyle gibt es eine hochwertige Küche. Dort können die Stärkanderinnen kochen und gemeinsam essen. Einige Phylen haben nur eine geringe Homeoffice-Quote. Diese haben die Flexibilität, die sie durch das Prinzip der Support-Crew besitzen, genutzt, um sich eine Köchin anzustellen. Diese bereitet täglich ein gesundes Mittagsessen für die Stärkanderinnen vor. Die Köchin ist ein starkes Argument für einen Tag im »Büro«.

- **Strom:** Stärkanderinnen, die mit dem Auto anreisen müssen, finden für ihre E-Autos einen Parkplatz mit Schnellladesäule in der Tiefgarage. Der Strom wird von den Solaranlagen auf dem Dach produziert. Für Verbrenner werden keine kostenlosen Parkplätze zur Verfügung gestellt.
- **Kita:** Alle Stärkanderinnen können ihre Kinder in die Phylen-Kita bringen und auch während der Arbeitszeit die Kinder besuchen. Auch wenn die Eltern im Homeoffice arbeiten, dürfen sie ihre Kinder in die Phylen-Kita bringen.
- **Licht und Luft:** Die Räumlichkeiten von Stärkande sind gut klimatisiert und hell (Tageslicht), sodass sich die Mitarbeitenden wohlfühlen können.

Haltung 3: Alle Stärkanderinnen finden den Ort, den sie für ihre Arbeitsbedürfnisse benötigen

Menschen verfügen über verschiedene und sich über den Tag hinweg ändernde Arbeitsbedürfnisse. Im Open-Space-Büro wandern die Mitarbeitenden: Sie wandern dorthin, wo sie die Arbeitsumgebung und die Menschen finden, die zur Bewältigung der Arbeitsaufgaben passen. Damit das funktionieren kann, ist eine vielfältige Zonierung in der Bürofläche notwendig. Was bedeutet das? Es gibt bei Stärkande viele verschiedene Orte, die unterschiedliche Tätigkeiten möglich machen. So soll eine Mitarbeitende je nach Arbeitsanforderung genau den Ort finden, den sie braucht. Die Arbeitsanforderungen und Tätigkeiten unterscheiden sich je nach Phyle. Meistens gibt es aber folgende Zonen:

AUSWAHL VON ZONEN IN DEN RÄUMLICHKEITEN VON STÄRKANDE

- **Der Dschungel:** Im Dschungelbereich stehen hunderte Pflanzen herum, die meist eine Höhe von mindesten 1,50 m besitzen. Im Dschungel können sich Mitarbeitende verstecken, die in Ruhe arbeiten möchten und die nicht wollen, dass ihnen über die Schulter geschaut wird.
- **Das Pair-Programming-Kabuff:** Kleine Räume, in denen zwei Entwicklerinnen gut Platz haben und gemeinsam programmieren können. Der Raum ist technisch so eingerichtet, dass die Kolleginnen jeweils den Bildschirm des anderen sehen können und ohne Kopfhörer laut Musik hören können.
- **Die Präsentationsecke:** Orte im Open-Space-Büro, an denen man sich in der Gruppe treffen, eine Präsentation halten und sich ein Feedback einholen kann.

- **Double Office:** Kleine Büros, die von zwei bis drei Personen stundenweise gebucht werden können, um gemeinsam an einem Projekt zu arbeiten.
- **Pionierinnenraum:** In jeder Niederlassung gibt es mehrere Kreativräume. Hier finden die Stärkanderinnen alle Materialien, die sie brauchen, um erfolgreich z. B. Design Thinking zu betreiben. An den Wänden kleben Post-its, die auch länger hängen bleiben dürfen, sodass die anderen Stärkanderinnen sehen, woran ein Kreis gerade arbeitet.
- **Project Labs:** In die Project Labs gehen Kreise, die sich gerade in der Implementierungsphase befinden und an einem Prototyp basteln.
- **Der Boxsack-Raum (heute: Powerraum):** Das ist vielleicht der speziellste Raum bei Stärkande und vor allem bei den Kitakindern sehr beliebt. In dem Raum steht ein blauer Boxring, der von den Schreinerinnen gebaut wurde und in dessen Mitte ein Boxsack hängt. Ursprünglich war der Raum dafür gedacht, dass Stärkanderinnen mal richtig ihre Wut loswerden können. Aber das war einfach küchenpsychologischer Mist, den sich Jessica ausgedacht hatte. Wut geht nicht weg, wenn man auf einen Boxsack haut, sondern wenn man die zwischenmenschlichen Probleme aktiv löst. Und außerdem sind die Stärkanderinnen gar nicht so oft wütend. Heute ist der Boxraum ein kultisches Relikt, der von den Stärkanderinnen zu unterschiedlichen Zwecken gebucht und genutzt wird (meist für Bewegung oder auch Yoga). Statt Boxraum heißt er heute Powerraum, weil die Stärkanderinnen sich dort Kraft holen.

Darüber hinaus gibt es in den Räumlichkeiten von Stärkande noch viele Standards, die Sie aus anderen Open-Space-Büros kennen. Dazu gehören z. B. ausreichend Open-Space-Schreibtische, Begegnungspunkte für kurze Treffen (Quick Meets), ein Work-Café, Telefonkabinen, Focus Nooks zur Förderung der Privatsphäre, Räume für Videokonferenzen, eine Küche, große Schließfächer, Garderobenschränke sowie eine Lounge zum Entspannen.

Eine Person muss ich Ihnen bei Stärkande noch vorstellen. Ich habe eben schon einmal den Desk Connector erwähnt. Das ist ein ganz neuer Beruf bei Stärkande geworden, auf ihn möchte keine Phyle verzichten. In den Unternehmen des 20. Jahrhunderts gab es eine freundliche Empfangsperson, die Gäste am Tresen empfing und bat, noch einmal auf einem der nebendran stehenden Sessel Platz zu nehmen, bis Direktor Müller Zeit hat, den Gast zu empfangen. Der Desk Connector bei Stärkande sitzt zwar noch an der Eingangstür, aber ansonsten hat er wenig mit der Empfangsperson aus dem 20. Jahrhundert zu tun. Das beginnt schon damit, dass der Desk Connector hohe Wertschätzung genießt und auch ordentlich bezahlt wird. Denn er hat eine extrem wichtige Aufgabe: Er oder sie »connected« Schreibtische und Menschen, die mobil sind. Dank der KI Thufir weiß der Desk Connector, welche Stärkanderinnen gerade im Homeoffice arbeiten oder im Haus sind.

Das ist vor allem wichtig, wenn Kundinnen oder andere Partnerinnen in der Niederlassung erscheinen: Sie melden sich beim Desk Connector und er hilft dabei, eine Verabredung zu treffen. Auch hilft der Desk Connector den Stärkanderinnen, sich untereinander zu finden. Das bedeutet konkret: Der Desk Connector kann einer Kollegin Auskunft geben, in welchem Raum sich die gesuchte Stärkanderin gerade ins W-LAN eingeloggt hat (wer nicht gefunden werden will, deaktiviert die Findefunktion am Laptop).

Darüber hinaus ist der Desk Connector dafür zuständig, dass die Stärkanderinnen den besten Arbeitsplatz für ihren Arbeitstag finden. Vor allem neue Kolleginnen lassen sich gerne beraten, wo denn der beste Arbeitsort für ihre heute anliegenden Arbeitsaufgaben sein könnte. Warum übernimmt nun Thufir viele dieser Aufgaben nicht allein? Das liegt daran, dass viele Menschen außerhalb von Stärkande große Vorurteile gegenüber künstlichen Intelligenzen haben. Immer wieder war es zu Fällen gekommen, in denen Gäste sich weigerten, mit Thufir zu sprechen. Die KI kann zwar nicht beleidigt sein, aber es wurde schnell klar, dass auch in diesem Bereich Thufir nicht einen Menschen ersetzt, sondern ihn bei der Arbeit unterstützt.

Axiom Nr. 22: Kein Team-Meeting ohne Sinn

Eines der wichtigsten Axiome stelle ich Ihnen gegen Ende meines Berichts über Stärkande vor. Eine Microsoft-Studie hat herausgefunden, dass sich zwischen Februar 2020 und Februar 2021 die Arbeitszeit, die Mitarbeitende in Onlinemeetings verbrachten, um 148 Prozent verlängert hatte.[40] In der Psychologie nennen wir das Überkommunikation und diese hat seit Beginn der Corona-Pandemie in vielen Betrieben dramatische Züge angenommen. Klar gab es durch Corona und die neue Arbeitssituation mehr zu besprechen. Aber die Zeit, die Mitarbeitende in Onlinemeetings verbringen, ist teilweise absurd hoch. Und das bleibt nicht ohne Konsequenzen.

Eine Studie der Harvard-Universität von Jeffrey Polzer und Kollegen untersuchte den Zusammenhang zwischen der Produktivität von Unternehmen (Umsatz pro Mitarbeitenden) und den Stunden, die die Mitarbeitenden durchschnittlich in Team-Meetings saßen.[41] Dieser verläuft umgekehrt u-förmig: Das bedeutet, der Umsatz pro Mitarbeitenden nahm kurz linear zu – die Meetings halfen dabei, sich abzustimmen und die Arbeit zu koordinieren. Doch schon bei acht Stunden Meetings pro Woche erreichte der Zusammenhang ein Plateau; weiterer Meeting-Aufwand war nicht mit mehr Umsatz assoziiert (siehe Abbildung 13).

Ab zehn Stunden pro Woche kam es sogar zu einer Umkehr: Mit jeder Stunde mehr fiel der Umsatz. Über die exakte Kausalität der Ergebnisse kann gestritten werden. Aber eine Sache scheint mir auf der Hand zu liegen. Wenn die Mitarbeitenden in Meetings sitzen, können sie nicht gleichzeitig ihre fachlichen Aufgaben bearbeiten. Sie kommen nicht mehr zum Arbeiten, weil sie so viel Zeit in Meetings verbringen.

Stärkande war durch die digitalen Fortschritte, die es in der Arbeitsorganisation bereits vor der Corona-Krise erreicht hatte, schon früher mit diesen Nebenwirkungen der Digitalisierung konfrontiert als andere Unternehmen. Dadurch war auch der Druck, Lösungen zu finden, frühzeitiger existent. Wie so oft nutzten die Stärkanderinnen das Empowerment-Konzept konsequent als Leitbild, um das Problem zu lösen, und begannen, Meetings anders zu gestalten. Dabei entstanden die folgenden sechs Regeln, die die Meeting-Schwemme besiegen halfen und das psychologische Empowerment der Mitarbeitenden in den Meetings stärkten:

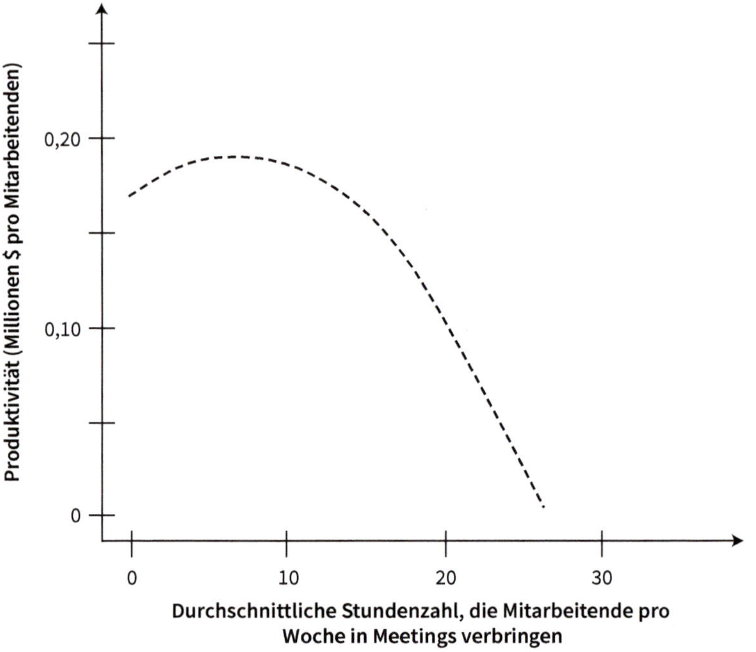

Abb. 13: Zusammenhang zwischen Produktivität und Meeting-Dichte

Regel I: Kein Meeting ohne Sinn

Bevor eine Stärkanderin zu einem Meeting einlädt bzw. einen Termin einstellt, wird sie vom Messenger-System aufgefordert, einen Sinn zu formulieren. Erst mit Eingabe eines vollständigen Satzes wird die Einladung versendet. Die Empfängerinnen müssen daraufhin nicht nur den Termin, sondern auch den Sinn bestätigen. Wird der Sinn von der Mehrheit der Eingeladenen nicht auf diese Weise validiert, kommt das Meeting nicht in den Kalender.

Regel II: Raus bei Sinnlosigkeit

Die Prüfung des Sinns beschränkt sich aber nicht auf die Phase vor dem Meeting. Stärkanderinnen haben die Pflicht, den Sinn des Meetings auch in seinem Verlauf zu prüfen. Wenn sie bemerken, dass das Meeting für sie nicht sinnvoll ist, so haben sie das Recht und die Selbstbestimmtheit, das Meeting zu verlassen.

Regel III: Meetings dauern 30 Minuten – Wer mehr möchte, muss begründen und bitten

In vielen Unternehmen werden Meetings automatisch auf eine Stunde eingestellt – und wenn man eine Stunde Zeit hat, dann dauert das Meeting auch eine Stunde. Eine Stunde ist ein Achtel des Arbeitstages. Wenn acht Personen teilnehmen, dann kostet das Meeting das Unternehmen also einen ganzen Arbeitstag. Das ist sehr viel und oftmals unnötig. Stärkande-Meetings sind dagegen automatisch auf 30 Minuten eingestellt. Möchte ich mehr als 30 Minuten Zeit »verbrauchen«, dann muss ich dafür einen Grund haben und die Kolleginnen darum bitten. Für die Begründung des Zeitbedarfs gibt es in der App ein separates Eingabefeld, Thufir analysiert diese monatlich und stellt die Ergebnisse anonym in der Boule vor. Sie denken nun vielleicht: »Das ist ja ganz schön umständlich.« Ja, genau, dieser Effekt ist gewünscht. Denn in anderen Unternehmen ist es viel zu einfach, ein einstündiges Meeting gedankenlos einzustellen (besonders Führungskräfte tun das gern). Die Stärkanderinnen müssen etwas tun, bevor sie ihre Kolleginnen einladen: Sie müssen nachdenken, warum sie das Meeting einstellen.

Regel IV: Es darf vertreten werden

In vielen Meetings kommt es zu Doppelbesetzungen. Drei, vier, fünf Leute mit derselben Funktion sitzen im Meeting. Wenn der Sinn des Meetings ist, Kolleginnen zu informieren (und nicht, eine Entscheidung zu treffen), dann ist es nicht automatisch sinnvoll, alle Personen zu versammeln. Werden solche Infos hingegen mit einzelnen Personen geteilt, können sie in den Kreisen gestreut werden. Stärkanderinnen dürfen sich also in Meetings vertreten lassen und erhalten dennoch die Informationen, die sie für ihre Arbeit benötigen. Dabei kann auch Thufir unterstützen: Auf Wunsch fertigt die KI ein mündliches Protokoll an und trägt es den abwesenden Stärkanderinnen vor.

Regel V: Jeder beherrscht Moderationsfähigkeiten

Viele Meetings verlaufen unproduktiv, und das hat einen Grund: Sie sind nicht in professionellen Händen. Anders bei Stärkande, denn hier hat jede Mitarbeitende einen Grundkurs in (digitalen) Moderationstechniken und Sitzungsleitung absolviert. Die Phylarchinnen und die Archontinnen haben das Thema durch weitere Kurse vertieft. Dadurch werden Meetings bei Stärkande gekonnt moderiert, und zwar jedes. Das senkt die Frustration extrem und erhöht zugleich das Kompetenzerleben während der Meetings. Ich nehme persönlich gerne an Meetings von Stärkande teil, weil sie professionell gestaltet werden. Meetings bei Stärkande haben Qualität.

Regel VI: Je höher der Status, desto später die Meinung

In vielen Meetings ereignet sich immer wieder das Folgende: Der Chef verkündet in den ersten Sitzungsminuten seine Meinung (»Ich finde Kandidat X am besten« oder »Wir sollten Kunde Y zuerst bedienen«). Das Resultat? Das Meeting ist sinnlos. Es wird nicht mehr frei und an der Sache orientiert Wissen ausgetauscht. Stattdessen orientieren sich die Sitzungsteilnehmenden an der Meinung des Chefs. Das ist vor allem bei streng hierarchischen Unternehmen der Fall, kann aber auch in agilen Organisationen passieren. Deswegen gilt bei Stärkande: Die Menschen mit formellem, aber auch informellem Status halten sich mit ihrer Meinung zurück, bis die anderen Kolleginnen ihre kundgetan haben. Das bedeutet, dass Archontinnen, Phylarchinnen, Fachexpertinnen, aber auch Stärkanderinnen, die schon lange dabei sind, gelernt haben, den Mund zu halten. Eine einfache Regel, die manche Kolleginnen erst üben müssen, weil sie es als statushohe Persönlichkeiten gewohnt sind, zuerst und viel zu reden (das gilt leider bisweilen auch für Stärkande).

Aber auch Thufir, die künstliche Intelligenz der Stärkanderinnen, hilft bei der erfolgreichen Gestaltung der (Online-)Meetings, wenn die Teilnehmenden das wünschen. Wenn Thufir während eines Meetings aktiviert und darum gebeten wird, erstellt die künstliche Intelligenz neben dem bereits erwähnten Sprachprotokoll auch ein Interaktionsnetzwerk, das in Abbildung 14 dargestellt ist:

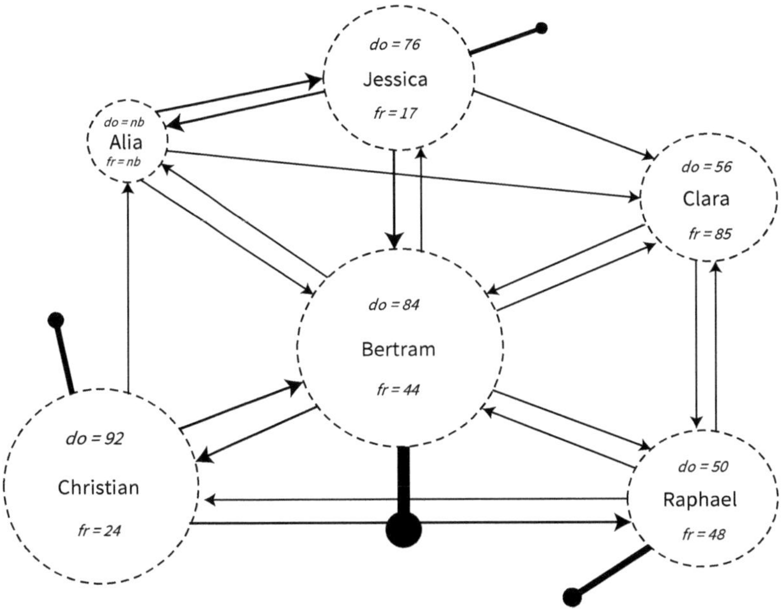

Abb. 14: Ein von Thufir ausgewertetes Meeting

Was sehen wir hier? Thufir zählt die Anzahl an Aussagen je teilnehmender Person und visualisiert sie über die Größe eines Kreises. Abbildung 14 zeigt ein Treffen der Archontinnen mit dem wissenschaftlichen Beirat (Bertram Meyer) und Christian Möbius: Als Schreiner hatte er eine innovative Idee für einen digitalisierten Schreibtischstuhl zur Gesundheitserhaltung, die er gern besprechen wollte. Die Kreise von Christian und Bertram sind größer als die der anderen Teilnehmenden, da sie die größten Gesprächsanteile hatten. Die Kreise von Alia und Clara (die Archontin für Marketing und Kundinnenzufriedenheit) sind deutlich kleiner. Beide waren gegen diese »Extra-Locke« für Christian und wollten, dass er die Idee zunächst in seiner Phyle bespricht. Doch da hatten die Jungs (Raphael, Christian und Bertram) schon längst zu dem Termin eingeladen und Clara und Alia hatten den Sinn des Meetings zu früh bestätigt.

Die Pfeile geben an, wie oft sich die Teilnehmenden wechselseitig direkt angesprochen haben, der Balken mit Kreis visualisiert, wie viele Aussagen an die ganze Gruppe gerichtet waren. Wie Sie sehen können, hat die halbstündige Diskussion vor allem zwischen Christian und Bertram stattgefunden. Ab und zu haben sich auch Jessica, Clara und Raphael beteiligt, doch die Archontinnen waren eher Publikum. Alias Ablehnung des Meetings kann man auch in den wenigen Aussagen sehen, die sie gemacht hat. Sie wurde mehrmals von den anderen Teilnehmenden angesprochen (Pfeile, die auf sie zeigen), doch das hat sie nicht motiviert, viele Aussagen zu machen.

Darüber hinaus misst Thufir auf Wunsch das non- und paraverbale Verhalten der Teilnehmenden auf den beiden aus der Sozialpsychologie bekannten interpersonalen Dimensionen Dominanz (Pole: Submission und Dominanz) und Affiliation (Pole: Feindlichkeit und Freundlichkeit). Die KI analysiert dann, wie das Dominanzverhalten von 1 (volle Submission) bis 100 (volle Dominanz) bei den Teilnehmenden ausgeprägt war (in der Grafik: do) sowie wie freundlich-feindlich (Affiliationsdimension, in der Grafik: fr) sich die Teilnehmenden wechselseitig verhalten haben. Viele Indikatoren werden von Thufir für diese Dimensionen berücksichtigt: So sind dominante Verhaltensweisen etwa eine entspannte Körperhaltung, eine feste klare Stimme oder das Unterbrechen anderer. Dagegen verhält sich eher submissiv, wer dem Blick des Gegenübers ausweicht, den Körper klein macht oder leise und erhöht spricht.[42] Nach etwa drei Minuten Redezeit kann Thufir für die Dominanz- und Affiliationsdimension Werte berechnen, die zwischen 1 und 100 liegen. Je länger die KI zusehen und zuhören darf, desto zuverlässiger werden die Einschätzungen. Die beiden Dimensionen werden als Zahlen über und unter den Namen eingeblendet.

Während Christian und Jessica einen eher dominant-feindlichen Stil praktiziert haben (hohe Dominanzwerte und wenig Freundlichkeit), hat sich Clara weder dominant noch submissiv verhalten, aber dafür eher freundlich. Alia hat so wenig geredet, dass Thufir hier keine Berechnungen durchführen konnte. Weiterhin kann Thufir auch die Inhalte der Teilnehmenden auswerten: Wer hat wie viele Zustimmungen oder Ablehnungen zu Aussagen erhalten, wer wie viele Fragen und Vorschläge in die Diskussion eingebracht? Auch ist es der KI möglich zu beantworten, wer viele Steuerungsaussagen gemacht hat, also als Moderatorin in der Interaktion aufgetreten ist.

Mit der Hilfe von Thufir erhalten die Diskutantinnen in Meetings ein Feedback über Interaktionsweisen, die ihnen häufig nicht bewusst sind: Meist merken Menschen nicht, wenn sie zu viel reden oder wenn jemand im Gespräch vergessen wird, obwohl sie wichtiges Wissen hätte einbringen können. Da Thufir die Auswertungen auch phasenbezogen aufbereiten kann, sehen die Stärkanderinnen auch, wie sich Diskussionen über die Zeit verändert haben. Sie können sich z. B. zeigen lassen, ab wann die Interaktionen von einzelnen Personen dominiert wurden, ein Konflikt begann oder manche Teilnehmende abgetaucht sind. Da gute Kommunikation ein – vielleicht gar der wesentliche – Erfolg von Stärkande ist, können die Kreise, die Boule und die Archona sich verbessern, wenn sie gemeinsam mit Thufir und den Kolleginnen über ihr Kommunikationsverhalten reflektieren. Aber Thufir darf nur dann beobachten, wenn alle anwesenden Stärkanderinnen ihre Erlaubnis dafür geben.

Weil Externe über die Möglichkeiten, die Thufir bietet, immer wieder verwundert sind, möchte ich Ihnen abschließend noch ein paar mehr Informationen zur Funktionsweise von Thufir geben.

Zusammenfassung: Einsatz der künstlichen Intelligenz Thufir bei Stärkande

Sie haben an vielen Stellen von Thufir gehört. Während des Schreibens bemerkte ich, wie selbstverständlich die KI von den Stärkanderinnen eingesetzt und von mir beschrieben wird. Diese digitale Selbstverständlichkeit steht in einem Gegensatz zur Praxis in vielen Unternehmen (viele Unternehmen bemühen sich gerade, das Faxgerät abzuschaffen). Also möchte ich am Schluss noch einmal die Arbeit und die Kooperation mit Thufir zusammenfassend vorstellen. Dabei ist mir wichtig, Ihnen zunächst zu erläutern, warum Thufir ein »Er« ist: Sein Geschlecht ist nämlich flexibel, jede Stärkanderin kann sich zwischen einem männlichen, neutralen oder einer weiblichen Thufir entscheiden. Der KI ist es vollkommen egal, welche Geschlechtsidentität sie hat, denn sie ist ihr nicht wesensimmanent. So ist Raphaels Thufir weiblich, meiner männlich. Derzeit ist Thufir bei 45 Prozent der Mitarbeitenden weiblich eingestellt (30 Prozent männlich, 25 Prozent neutral).

Es gibt zwei Arten von künstlichen Intelligenzen: die engen und die generellen künstliche Intelligenzen (narrow vs. general AI). Die engen KI sind auf ein kleines Teilgebiet des Lernens spezialisiert (z. B. auf die Vorhersage des Kreditausfallrisikos bei einer Bank). Thufir ist dagegen eine generelle KI, er lernt in verschiedenen Bereichen, wenn man ihn mit Daten füttert. Deswegen braucht Thufir mehr Pflege und war deutlich aufwendiger in der Programmierung. Wie jede KI lernt Thufir zuverlässig, wenn Input und Output klar definiert sind. Thufir ist gut einsetzbar, wenn eine Tätigkeit konkrete Zielsetzungen hat und diese Ziele messbar sind. Umgekehrt hat er Schwierigkeiten, wenn die Aufgaben und Ziele sowie deren Messung nicht klar definiert werden können. Thufir mag das Exakte. Weiterhin braucht Thufir große Datensätze, wird er in Bereichen eingesetzt, in denen nur wenige Daten zur Verfügung stehen, dann bleibt er dumm. Wird er regelmäßig mit Daten gefüttert, kann er mit jeder Berechnung seine Fähigkeiten ausbauen. Es dauerte über 200 Meetings, bis Thufir zuverlässig nonverbale Verhaltensweisen einschätzen konnte. Darüber hinaus hat Thufir wie alle KI derzeit noch Probleme mit langen Logikketten. Er kann sehr gut das menschliche Denken reproduzieren, was innerhalb von einer Sekunde abläuft. Doch mit längeren Gedankengängen oder verborgenen Logiken kann Thufir derzeit noch nicht viel anfangen. Weder kann er das übergeordnete Thema in einem Coaching-Prozess erahnen noch eine Logik verstehen, die nur mit Gefühlen Sinn ergibt. Schließlich funktioniert Thufir gut in stabilen Umwelten, verändern sie sich jedoch dynamisch, dann hat er es schwer. Thufir ist wie jede KI viel weniger flexibel, als es die meisten Menschen erwarten. Auch hat Thufir immer noch ziemlich große Probleme damit, seine Entscheidungen zu erklären. Eine Herausforderung, die aber auch vielen Menschen Schwierigkeiten bereitet. Thufir berechnet, aber er kann die Berechnungen und darauf beruhenden Entscheidungen seinem Auftraggeber gegenüber nicht begründen.[43]

Ich finde es wichtig, Ihnen die Grenzen von KI und Thufir zu erläutern, denn nur wer seine Einschränkungen kennt, kann erfolgreich mit ihm zusammenarbeiten. Deswegen bekommen die Stärkanderinnen nicht nur die Chancen, sondern vor allem auch die Grenzen der Zusammenarbeit mit Thufir früh beigebracht. Außerdem können sie dadurch besser einschätzen, in welchen Bereichen Thufir eingesetzt werden kann und in welchen nicht. Die Stärkanderinnen wissen beispielsweise, dass Thufir hervorragend bestehende Datensätze analysieren kann. Er kann Ordnung in Daten und Informationen bringen und damit die Vergangenheit verstehbar machen. Thufir ist aber nicht visionär begabt. Er kann nicht träumen. Das müssen die Stärkanderinnen selbst tun.

Thufir wird, wie ich es Ihnen bereits erläutert habe (vgl. Axiom 7), in der Role- und Skillmapp eingesetzt. Die KI weiß, welche Rollen und Kompetenzen die Stärkanderinnen ihr mitgeteilt haben, berechnet Ähnlichkeiten und macht Vorschläge, wer sich lohnend miteinander vernetzen könnte. Thufir verhindert damit, dass im Unternehmen Doppelarbeiten entstehen und fungiert gleichzeitig als sozialer Netzwerkadministrator. Ohne Thufir hätten zahlreiche Stärkanderinnen die Chance für eine lohnende Kooperation nicht erkannt und innovative Projekte wären nicht entstanden. Die Stärkanderinnen sind immer wieder überrascht, dass andere große Unternehmen die Vernetzung in ihrem sozialen System dem Zufall überlassen. Das passiert Stärkande nicht.

Auch hilft Thufir, in Sekundenschnelle Expertinnen im Unternehmen zu identifizieren und Informationen zu präsentieren, die die Stärkanderinnen ihm dafür zur Verfügung gestellt haben. Thufir ist wichtig für das daten- und dokumentenbezogene Wissensmanagement (vgl. Open-Book-Management in Axiom 18), er hat Zugriff auf ältere Dokumente und Daten, doch vor allem wird er von den Stärkanderinnen mit neuem Wissen zu ihren Produkten und Projekten genährt. Dass sie ihn umgekehrt nach Informationen und Daten fragen können, spart den Stärkanderinnen viele Stunden Zeit pro Woche. Wie ein Kurator kategorisiert Thufir Wissen, bereitet es verständlich auf, wählt aus und macht Vorschläge. Doch sind die Stärkanderinnen auf-

Abb. 15: Stärkanderinnen, die mit Thufir interagieren

gerufen, sich nicht nur auf Thufir und seine Wissensvorschläge zu verlassen, sondern auch eigenständig nach neuem Wissen zu suchen. Deswegen hält auch nicht etwa Thufir die Vorträge an den Freitagen, sondern die Stärkanderinnen selbst. Aber Thufir hört zu und lernt, durch ihn ist kein Vortrag verloren.

Darüber hinaus wird Thufir in speziellen HR-Prozessen eingesetzt. Neben dem Einsatz in den Teammeetings (vgl. Axiom 22) können sich die Stärkanderinnen so auch Daten zu ihrer persönlichen Arbeit von Thufir aufbereiten lassen: Diese Daten existieren nicht, bevor die Person nach ihnen fragt – und Thufir darf sie nur für die betroffene Person berechnen: Wie viele Stunden habe ich in diesem Monat gearbeitet, wie viel Zeit habe ich in Teammeetings verbracht? Auch können Mitarbeitende Auskunft darüber bekommen, wie Thufir ihre Stimmung einschätzt, wenn sie ihn darum bitten, in Onlinegesprächen darauf zu achten. Thufir analysiert dann Vokabeln und paraverbales Verhalten. Wenn Stärkanderinnen belastet wirken, macht Thufir Vorschläge, an wen sie sich wenden können, um ein Gespräch mit einem Coach oder einer Psychotherapeutin vermittelt zu bekommen. Wie bereits erwähnt, muss Thufir für diese Funktionen von der jeweiligen Stärkanderin persönlich aktiviert werden. Thufirs Ethik-Code verbietet ihm, solche Beobachtungen eigenständig vorzunehmen.

Sehr häufig kommt Thufir aber auch in externen Gesprächen direkt zum Einsatz, etwa in der Simultanübersetzung weltweiter Coachings: Die Coaches im Pool der Stärkanderinnen können praktisch jeden auf der Welt in Englisch oder seiner Muttersprache coachen, weil Thufir sie dabei unterstützt (und dank des häufigen Einsatzes jeden Tag noch etwas besser wird). Das war ein Grund für den weltweiten Siegeszug der Coaching-Plattform von Stärkande. Keine andere Plattform hatte einen Thufir und Thufir ließ sich auch nicht mit einem hohen Gehalt zur Konkurrenz locken. Darüber hinaus unterstützt die KI dabei, Coach und Klient adäquat zu matchen, und evaluiert die Coachings. Zwischen den Sitzungen macht Thufir Übungen und Hausaufgaben mit den Klientinnen, als hilfreiche Assistenz im Coaching-Prozess.

Und so ist es auch im generellen Einsatz von Thufir im Unternehmen: Thufir ist eine nützliche Unterstützung für den Alltag der Stärkanderinnen und ihre Arbeit. Dadurch werden Zeitressourcen frei, die die Stärkanderinnen für das Thema Innovation und die Kommunikation mit ihren Kolleginnen und Kundinnen nutzen können. Thufir nimmt den Stärkanderinnen viel kognitiven Ballast ab und schafft dadurch Zeit, und diese Zeit führt zu einem innovativen und zwischenmenschlichen Vorsprung der Stärkanderinnen gegenüber anderen Unternehmen.

Teil III

E-Mail-Antwort von Raphael Hythlodeus an Carsten Schermuly

Senden

An carsten.schermuly@srh.de

Cc

Betreff Fertiges Manuskript

Lieber Carsten,

es ist seltsam, aber gut, den Weg und die Arbeitsprinzipien von Stärkande so ausführlich beschrieben zu sehen. Danke Dir! Du findest meine Anmerkungen im separaten Dokument. Du müsstest noch eine Sache grundsätzlich verändern. Es gibt leider keine Köchinnen mehr in den Phylen. Sie waren sehr teuer, gleichzeitig produzierte das einen geldwerten Vorteil und dadurch zusätzliche Steuerbelastungen, die manche Stärkanderinnen nicht bereit waren zu tragen. Die Phylen haben sich da für einen anderen Support entschieden. Kennst du Dirk Köhler aus der Phyle IV? Das war der mit den verrückten Bhudda-Bowls. Der ist tatsächlich von der Koch- in eine Marketingrolle gewechselt. Das scheint zu klappen, hat mir Melanie gestern berichtet.
Bitte bestelle auch Johanna beste Grüße. Die Illustrationen sind gut geworden. Ich finde es gut, dass die Stärkanderinnen bei der Arbeit gezeigt werden, das aber etwas abstrahiert und spielerisch geschieht. Ganz ehrlich: Soll das auf dem Stuhl während des Boule-Meetings etwa ich sein?

Vielen Dank, lieber Carsten, für Deine Mühen!

Beste Grüße
Raphael

stärkande
empowering people

Raphael Hythlodeus
Archont für Personal und Empowerment
Amaurotumer Weg 34 – 39
65191 Wiesbaden
www.staerkande.com

Achtung!
Sie verlassen nun den utopischen Raum

Epilog: Ein Humanist des späten Mittelalters als Vorbild für eine New-Work-Utopie des 21. Jahrhunderts

Abb. 16: Thomas Morus (1478–1535)

1516 veröffentlicht Thomas Morus das Buch »De optimo rei publicae statu deque nova insula Utopia – Vom besten Zustand des Staates und der neuen Insel Utopia«, heute ein Klassiker der politischen Philosophie, der immer wieder lebhafte Diskussionen über den idealen Staat angeregt hat. Ein halbes Jahrtausend später stelle ich Ihnen nicht eine utopische Gesellschaftsorganisation vor, sondern beschreibe die Utopie einer Unternehmensorganisation nach der Corona-Pandemie. Damit Ihnen mein Buch und der Weg dorthin verständlicher werden, möchte ich Ihnen Thomas Morus und sein Werk abschließend kurz vorstellen.

Morus wird 1478 in London geboren. Er kennt sich mit Staaten aus, denn er arbeitet als Diplomat und Parlamentssprecher unter Heinrich VIII. König Heinrich kennen Sie vermutlich vor allem wegen seiner sechs teilweise tödlich ausgegangenen Ehen und vielleicht als Figur in der Fernsehserie »The Tudors«, dargestellt durch Jonathan Rhys Meyers. Morus jedenfalls entwirft im Ausgang des Mittelalters, die Zukunftsvision einer idealen Gesellschaft. Prägnant benennt er diese Gesellschaft mit einem Kunstwort nach den griechischen Begriffen »topos« und der Verneinung »ou«, was man als »Nicht-Ort« oder »Nirgendheim« übersetzen kann.[44]

Laut Thomas Schölderle ist eine Utopie ein fiktionaler und universaler Entwurf »von idealtypisch und rational-experimentell konstruierten Institutionen oder Prinzipien eines Gemeinwesens, der den realhistorischen Verhältnissen in kritischer Intention gegenübergestellt und auf ein besseres Leben der Menschen gerichtet ist.«[45] Eine Utopie ist damit immer ein Experiment der Gedanken, das den Leser herausfordert. Da die Utopie den bestehenden Verhältnissen widerspricht, ruft sie dazu auf, die existenten, von Menschen geschaffenen Traditionen und Institutionen kritisch zu hinterfragen.[46] Dadurch hat die Utopie einen kreativen Charakter; sie möchte, wie Schölderle es beschreibt, einen Innovationsimpuls setzen. Gleichzeitig besteht der Sinn einer Utopie nicht in ihrer Verifikation; eine Utopie ist kein Rezept.[47] Sie liefert keine Excel-Liste, die kleinteilig abgearbeitet werden kann. Die Utopie liefert stattdessen ein »Möglichkeitsmodell der Wirklichkeit«[48]; die Utopie ist eine Vision. Und damit ist der Utopist von der Verifikation befreit. Genauso wie der Maler, der einen hübschen Menschen malt und nicht gezwungen ist zu beweisen, dass dieser Mensch existiert.[49]

Morus träumt in seinem Gedankenlabor des frühen 16. Jahrhunderts von der Gesellschaft auf einer Insel, in denen die Städte von einer demokratisch gewählten Behörde regiert werden. Je dreißig Familien wählen jedes Jahr einen Vorsteher, den sie Phylarch nennen. Auch das Staatsoberhaupt wird gewählt: Der Staatschef besetzt das Amt auf Lebenszeit, wenn er sich nicht als Autokrat entpuppt. Weiterhin herrscht in Utopia Religionsfreiheit und dadurch eine große religiöse Pluralität. Manche Utopier beten die Sonne an und andere den Mond; andere eine besondere Persönlichkeit – das alles ist in Utopia völlig in Ordnung. Schließlich existiert auf der Insel Utopia kein Privatbesitz und sogar die Häuser werden alle zehn Jahre nach dem Losverfahren gewechselt.[50]

Doch nicht nur die demokratischen Institutionen und die Religionsfreiheit stehen im kontrafaktischen Widerspruch zur Realität im Königreich von Heinrich VIII. Besonders fasziniert hat mich, wie sich ein kaum dem Mittelalter entwachsener Mensch die ideale Organisation von Arbeit vorstellt. Utopia ist nämlich kein Schlaraffenland, ganz im Gegenteil: Es besteht eine allgemeine Arbeitspflicht. Und dennoch unterscheidet sich der Umgang der Utopier mit dem Thema Arbeit grundsätzlich von der Feudalgesellschaft des 16. Jahrhunderts (aber auch vom Kapitalismus des 21. Jahrhunderts).[51]

Der Arbeitstag der Utopier ist nur sechs Stunden lang. Die kurzen Arbeitstage können dadurch realisiert werden, dass alle erwachsenen Menschen auf der Insel arbeiten. Frauen gehen genauso selbstverständlich wie Männer einer Tätigkeit nach. Es existieren keine Mönche oder Fürsten, die von den Abgaben der Gemeinschaft abhängig sind und für die (mit)gearbeitet werden müsste. Der Sechsstundentag erlaubt den Männern und Frauen, jeden Morgen eine öffentliche Vorlesung zu besuchen, um sich weiterzubilden. »Aus jedem Stande aber strömt eine gewaltige Menge Hörer, Männer wie Frauen, zu den Vorlesungen, die einen zu diesen, die anderen zu jenen, je nach ihren persönlichen Neigungen.«[52] Freier Zugang zu Bildung, für die genügend Zeit da ist. Professorinnen, die ihre Forschung so aufbereiten, dass der Durchschnittsbürger sie versteht. Was für eine Utopie, auch im 21. Jahrhundert!

Weiterhin spielen die Utopier nach der Arbeit gern oder widmen sich der Musik. Neben dem Sechsstundentag gibt es einen weiteren Unterschied zur Gesellschaft in Morus' Zeiten, aber auch zu vielen heutigen Gesellschaftssystemen: Die Utopier arbeiten nicht für einen König oder Fürsten. Sie arbeiten auch nicht für einen Unternehmer, der sie ausbeutet. Utopier arbeiten nicht für Menschen, die nicht arbeiten. Sie arbeiten für ihre Gemeinschaft und tragen so zu einem wirtschaftlich prosperierenden Gemeinwesen bei. Zum Beispiel ist die Ernte ein kollektives Ereignis. Die Phylarchen der Bauern geben bekannt, wie viel Unterstützung sie brauchen und dann reisen die städtischen Bürger an und ernten gemeinsam mit den Mitbürgerinnen auf dem Land den Weizen und die Gerste. Arbeit als ein kollektiv geteiltes Sinnerlebnis.[53]

Als ich diese Abschnitte der Utopia verstand, musste ich an einen anderen Philosophen denken, der sich über das Thema Arbeit Gedanken gemacht hat. Frithjof Bergmann schlägt in seinem Buch »Neue Arbeit – Neue Kultur« 500 Jahre nach Thomas Morus vor, dass Menschen ihrem beruflichen »calling« folgen und der Arbeit nachgehen, die sie »wirklich, wirklich wollen«. Dafür sollen sie nur noch zwei bis drei Tage in der Woche einer klassischen Lohnarbeit nachgehen und sich in der freigewordenen Zeit selbstbestimmten Tätigkeiten widmen.[54] Diese Parallelen zwischen dem Schöpfer des Begriffs »New Work« und einem Humanisten des 16. Jahrhunderts haben dieses Buch stimuliert.

Doch Stimulation genügt nicht. Es bedarf auch der Motivation, um sich als Wissenschaftler auf das neuartige Terrain der literarischen Fiktion zu begeben. Meine Motivation stammte aus drei Defiziten, die ich derzeit in der Wirtschaft und HR-Szene sehe: Ein zu einfaches New-Work-Verständnis, eine zu zaghafte Digitalisierung von HR und eine unzureichende Vielfalt in Entscheidungspositionen.

New Work kann mehr

Wahrscheinlich besteht hier eine Parallele zu Thomas Morus und allen anderen Utopisten. Die Utopie besitzt eine fiktive Gestalt; sie ist erdacht, aber sie ist angestoßen aus der Wirklichkeit, die den Autor umgibt und seine Sinne täglich nährt.[55] Morus blickte sich im England Heinrichs VIII. um und sah die Notwendigkeit für seine Utopie. Ich schaue mich in der Organisationslandschaft des 21. Jahrhunderts um und sehe die Diskrepanz zwischen dem, was an New Work möglich wäre, und der Praxis. Bei aller Entwicklung: Nach dem ersten Weltkrieg wurde das Gesellschaftssystem in Deutschland demokratisiert, nach dem zweiten Weltkrieg hat sich die Demokratie fest politisch etabliert. Doch ein gesellschaftlicher Bereich wurde dabei ausgeklammert, es besteht nur eine halbe Demokratie.[56] Denn ausgeklammert wurden die Organisationen, in die Menschen jeden Tag gehen, um zu arbeiten. Hier unterwerfen sich Menschen weiterhin dem Willen und manchmal auch der Willkür eines Unternehmens und eines Chefs. Der Chef ist manchmal gut und manchmal böse; beides ist ihm erlaubt. Allzu schnell haben sich viele Unternehmen wieder in ihrem Absolutismus eingerichtet und es herrschen Könige und Grafen über Menschen, die in die Box eines Organigramms gequetscht werden.

Die Corona-Pandemie hat in der Öffentlichkeit das Trugbild erschaffen, dass das Thema New Work breit in der Fläche angekommen sei. Das hat mit einem viel zu einfachen

New-Work-Verständnis zu tun, das während der Lockdowns immer beliebter geworden ist. Im Institute for New Work and Coaching erheben wir jedes Jahr gemeinsam mit dem *Personalmagazin* das New-Work-Barometer. In den daraus resultierenden Zahlen ist ersichtlich, dass immer mehr Menschen New Work schlicht mit Homeoffice gleichsetzen.[57] In vielen Unternehmen herrscht die Haltung, dass, wenn sie nur eine Betriebsvereinbarung zum Thema Homeoffice abgeschlossen haben, sie dann bereits im gelobten New-Work-Land angekommen sind und ihre Arbeit getan sei. Doch diese Organisationen haben lediglich einen Zustand erreicht, der der Gesellschaft von Heinrich VIII. gleicht. Dort arbeitete die Mehrheit der Bevölkerung (Bauern, Weber, Schmiede) auch relativ agil von zu Hause. New Work ist und kann mehr.

Endlich tiefgehende Digitalisierung in den Personalprozessen

Aber es gibt zwei weitere Punkte, bei denen ich erhebliche Defizite sehe und die utopisch zu kritisieren sind. Die deutschen Unternehmen sind weit davon entfernt, die Potentiale der Digitalisierung für die Zusammenarbeit von Menschen positiv zu nutzen. Der CEO schlägt dem CTO zufrieden auf die Schultern, wenn ein SAP-System für die Einreichung von Urlaubsanträgen zum Laufen gebracht wurde. Zugleich lösen die Digitalisierung von HR-Prozessen und der Einsatz künstlicher Intelligenz in der Zusammenarbeit bei viel HR-lern weiterhin mehr Unbehagen als Neugier aus. Dadurch wird gerade so viel getan, wie sich gerade nicht vermeiden lässt. Die Gründe sind vielfältig: Manche HR-ler haben Angst, überflüssig zu werden, andere kennen die Technologien nicht und viele haben die wildesten Vorurteile gegenüber der Digitalisierung. Doch im voranschreitenden 21. Jahrhundert werden manche Unternehmen die Digitalisierung in ihren Arbeitsprozessen umfänglich nutzen. Sie werden ihre Mitarbeitenden durch neue Technologie von unnötigen und langweiligen kognitiven Aufgaben befreien und dadurch mehr zeitliche Freiräume für Innovationen und zwischenmenschliche Zusammenarbeit schaffen. Diese Unternehmen werden florieren und erfolgreich sein. Andere werden weiterhin bloß googeln.

Mehr Diversität

Mein letzter Motivator und Kritikpunkt ist schnell erklärt, weil der Zustand so unerträglich ist. Dass es zwei erfolgreiche Digitalunternehmerinnen von der Größenordnung Stärkandes in Deutschland geben könnte, ist ein vollständig utopischer

Zustand. Warum? Weil die Digitalisierung hier bis dato genauso männlich ist wie der Tiefbau – und das ist ein unmöglicher und unakzeptabler Zustand. Die Digitalisierung ist ein Trend, der das menschliche Zusammenleben transformiert. Das kann nicht nur einem Teilbereich der Gesellschaft überlassen werden. Haben Sie sich mal die Frage gestellt, wie Facebook funktionieren würde, wenn es von einer Frau gegründet worden wäre? Wir brauchen dringend eine femininere Digitalisierung und gleichzeitig einen digitalen Feminismus.

Aus diesen Beobachtungen heraus war ich für dieses Buch motiviert und die Wahl fiel auf das zu Unrecht aus der Mode gekommene Genre der Utopie. Ich wollte eine Utopie entwerfen, wie Zusammenarbeit anders sein könnte. »Utopie ist Kritik« und zwar »grundsätzliche Kritik«[58]. Sie kritisiert, wie bereits erwähnt, Traditionen und Institutionen, sie ist ein Gedankenexperiment. Denn glücklicherweise sind Traditionen und Institutionen menschengemacht und beruhen ebenso wie meine Utopie auf Gedanken. Die Gedanken der Tradition und Institutionen werden ohne Hinterfragen täglich in Verhalten übersetzt, das wiederum die Traditionen und Institutionen am Leben erhält. Doch Gedanken können verändert werden und damit auch die Traditionen und Institutionen, die den heutigen Anforderungen nicht mehr gerecht werden können. Die Utopie will mit Fiktion die Gegenwart kritisch spiegeln und dadurch die Wahrnehmung der Realität verändern. Denn auch die Realität ist nur eine von vielen möglichen Zuständen.[59] Daran glaubt jeder Utopist, und damit ist die Realität transformierbar. Wir können anders arbeiten und leben.

Darf ich darauf hoffen? Ich weiß es nicht. Utopien sind aus der Mode gekommen. Spätestens seit dem Buch »1984« oder »Brave New World« sind die Dystopien, d. h. die Anti-Utopien im Vormarsch.[60] Es wird »The handmaid's tale« gestreamt und in jedem Quartal werden mehrere Bücher veröffentlicht, die den Untergang Deutschlands und der Welt prophezeien. Die Katastrophe verspricht mehr Auflage, auch wenn sie Illusion bleibt und Menschen durch sie nicht empowert, sondern verängstigt werden. Dagegen bleibe ich bei der bejahenden Utopie à la Morus und bei Stärkande: Einer Organisation, die von zwei Frauen gegründet wurde, die aus ihren Fehlern gelernt hat und die Themen New Work, Empowerment sowie die Digitalisierung von HR mit Mut und Ausdauer bearbeitet hat. Etwas anderes als eine Utopie haben mir mein positives Menschenbild und mein gesellschaftlicher Fortschrittsglaube nicht erlaubt.

Und Morus, wurden die Hoffnungen erfüllt, die seiner Utopie zugrunde liegen? Thomas Morus erträumte sich eine Gesellschaft, die die Todesstrafe abschafft, er träumte von einer Gesellschaft religiöser Toleranz. Am 6. Juli 1535 wird er in London geköpft. Morus hatte den von ihm geforderten Suprematie-Eid verweigert und war damit dem Papst treu geblieben. Der König, dem er so lange gedient hatte, ließ ihn das mit dem Leben bezahlen.[61] Doch weder konnte Heinrich VIII. ihm seine Utopie noch seinen Humor nehmen. Als der Henker ihn köpfen will, nutzt Morus eine kurze Pause und legt noch schnell seinen Bart zurecht. Dann spricht er seine letzten Worte: »Pity that should be cut, that has not committed treason.«[62] Nein, nicht Morus und sein hübscher Bart haben Hochverrat begangen, das war allein das autoritäre System Heinrichs VIII., als es den schlausten Kopf des Königreichs zum Tode verurteilt hat.

Zurück in die Gegenwart des 21. Jahrhunderts: Wenn Sie New Work nun nicht nur als Homeoffice begreifen und die Digitalisierung von Arbeitsprozessen tiefgreifend umsetzen möchten, dann werden Sie nicht geköpft. Sie werden auch nicht verhaftet, wenn ihre Führungsetage weiblicher wird. Sie werden aber viel Widerstand erfahren und Kraft benötigen. Menschliche Systeme – vor allem, wenn es sie schon länger gibt und sie groß sind – verändern sich nur träge und unwillig. Sie ähneln einem alten Mastiff (das sind die großen Hunde mit den traurigen Augen): Sie sind müde und wollen in Ruhe gelassen werden. Ihnen genügt statt einer abenteuerlichen Erkundungsrunde der kurze Gang in den Vorgarten. Damit solche behäbigen Systeme sich verändern, benötigen sie eine attraktive Zukunftsvision und vielleicht manchmal sogar eine Utopie. Nur wer weiß, dass sich die Aussicht auf dem Berg lohnt, macht sich an den Aufstieg. Vielleicht ist für Sie und Ihr Unternehmen die gesamte Stärkande-Vision erstrebenswert, vielleicht sind es aber auch nur Teile davon.

Wie viele Stärkande mein eigener Arbeitgeber vertragen könnte, darüber bin ich selbst unsicher. Nutzen Sie Stärkande deshalb als Ausblick, als Vision oder auch als Utopie – und kommen Sie darüber mit ihren Kolleginnen ins Gespräch. Lassen Sie sich von Stärkande inspirieren. Machen Sie dabei unbedingt die Betroffenen zu Beteiligten. Denn anders funktioniert der organisationale Wandel nicht.

Ich wünsche Ihnen viel Empowerment für Ihren Weg.

Herzlichst
Ihr
Carsten C. Schermuly

www.staerkande.com

Glossar

Agile Projektarbeit	Agile Projektarbeit findet in einer eher kleinen Gruppe von Mitarbeitenden statt, die eng zusammenarbeiten, um ein gemeinsames Projektziel zu erreichen. Vor allem drei Prinzipien sind für agile Projektarbeit zentral: Autonomie (hohes Maß an Selbstorganisation und Entscheidungsbefugnissen), Gleichberechtigung (Zusammenarbeit auf Aufgabenhöhe) und Flexibilität (flexible Ziele in kurzen Projektintervallen mit Integration von Kundinnenfeedback).
Archona	Setzt sich aus den vier Archontinnen zusammen und bildet das operative und nach außen sichtbare Leitungsgremium von Stärkande. Alle Archontinnen sind Mitglieder der Boule. Sind mehr als 25 Stärkanderinnen oder mehr als 500.000 Euro von einer Entscheidung betroffen, dann müssen die Archontinnen diese in einem Boule-Meeting zur Abstimmung vorlegen.
Archontin	Person mit Führungsverantwortung und Mitglied der Archona.
Boule-Meeting	Besteht aus der Archona sowie zwei Phylarchinnen aus jeder Phyle. Dazu kommen zwei Vertreterinnen des wissenschaftlichen Beirats sowie zwei Betriebsratsmitglieder. Die Boule trifft sich, um vertikales (aus der Archona in die Phylen und zurück) sowie horizontales (zwischen den Phylen) Wissen auszutauschen. Weiterhin werden hier alle Entscheidungen getroffen, die einen strategischen oder stark umsatzrelevanten Umfang besitzen.
Bureaucracy Buster	Regelmäßige Überprüfung von Regeln durch Mitarbeitende, die vor allem dazu dienen, Bürokratie und unnötige Frustrationen im Unternehmen zu reduzieren.
Council	Besteht aus den Phylarchinnen einer Phyle und koordiniert die Zusammenarbeit in den Phylen.
Desk Connector	Stärkanderin, die am Empfang sitzt und zusammen mit Thufir dafür zuständig ist, dass Menschen miteinander vernetzt werden, wenn sie sich an unterschiedlichen Orten befinden. Die Person hilft weiterhin, dass die Kolleginnen den Arbeitsplatz im Büro finden, der am besten zu ihren Arbeitsaufgaben passt.
DSGVO	Die Datenschutz-Grundverordnung wurde von der EU verabschiedet und regelt die Verarbeitung personenbezogener Daten.

Empowerment-orientierter Führungsstil	Führungsstil, der die Förderung von psychologischem Empowerment zur Zielsetzung hat. Dabei tritt die Führungskraft in sechs Rollen auf: Sinnstifterin, Coach, Beteiligerin, Ermächtigerin, Personalentwicklerin, Vorbild.
Governance-Meeting	Wöchentlich stattfindendes Meeting des Council. Hier werden alle aktuellen Themen besprochen, die die Steuerung der Phyle sowie die Lösung etwaiger Herrschafts- und Verteilungsprobleme betreffen.
Holohier	Eine holokratische Hierarchie ist eine Mischform zwischen Holokratie und Hierarchie, die die Vorzüge aus beiden Systemen vereint.
Holokratie	Ein Unternehmen wird basisdemokratisch in Kreisen organisiert, die aus Rollen bestehen. Führungskräfte gibt es nicht. Jeder Kreis hat einen Zweck und kennt seine Ziele. Die Koordination erfolgt autonom und begleitet durch intensive Meetings und eine Holokratieverfassung, die das gemeinsame Handeln leiten soll.
HR	Human Resources steht als Oberbegriff für das Personalwesen.
Kreis	Kleinste soziale Einheit einer Phyle, in der zusammen kooperiert wird und/oder in der Stärkanderinnen mit verwandten Rollen zusammengefasst werden.
Leadership on demand	Führung wird nicht automatisch für einen Kreis festgelegt, sondern wird von einem Kreis angefordert, wenn diese für die Arbeit als sinnvoll und hilfreich wahrgenommen wird.
New Pay	Vergütung, die transparent und auf Augenhöhe mit den Mitarbeitenden praktiziert wird.
New Time	Arbeitszeit, die nach dem 60/20/10/10-plus-one-Prinzip aufgeteilt wird: 60 % = Routine, 20 % = Implementierung, 10 % = Kreativität, 10 % = Selbstbestimmung plus ein Vortrag am Freitag.
New Work	Ursprünglich von Frithjof Bergmann eingeführter Begriff, der im deutschsprachigen Raum verschiedene Maßnahmen und Haltungen umfasst, die sich auf die Transformation der Zusammenarbeit in Organisationen bezieht.
Onboarding	Strukturierter Prozess, mit dem neue Mitarbeitende in die Organisation eingeführt werden.
Open-Book-Management	Managementpraxis, bei der die Mitarbeitenden in der ursprünglichen Version Finanzdaten zur Verfügung gestellt bekommen, die ihre Arbeit betreffen. Bei Stärkande werden die Mitarbeitenden mit weitergehenden Daten aus dem Bereich HR versorgt, die relevant für ihre Arbeit und Gemeinschaft sind.

Organizational Citizenship Behavior (OCB)	Bürgerschaftliches Engagement der Mitarbeitenden für die organisationale Gemeinschaft. OCB besteht nach Staufenbiehl und Hartz (2000) aus Dimensionen wie Hilfsbereitschaft, Rücksichtnahme, Eigeninitiative, Unkompliziertheit und Gewissenhaftigkeit.
Pair Programming	Kooperationstechnik aus dem IT-Sektor, bei der zwei Programmiererinnen gemeinsam arbeiten. Während die eine Stärkanderin den Quellcode schreibt, denkt die andere über die Aufgabenstellung nach und macht Verbesserungsvorschläge. Die Rollen wechseln immer wieder.
Phylarchinnen	Mitarbeitende, die bei Stärkande Führungsaufgaben übernehmen. Sie werden durch Vorschläge und ein Assessment-Center ausgewählt und können von Kreisen, die Führung benötigen, angefordert werden.
Phylen	Auf der Dunbar-Zahl beruhende soziale Einheit bei Stärkande. Maximal 150 Stärkanderinnen arbeiten in einer Phyle zusammen. Darüber muss von der Phyle eine neue gebildet werden.
Postmeet	Wenn während eines Stand-up-Meetings eines Kreises eine Stärkanderin länger Hilfe benötigt, dann lösen die Person und die Stärkanderin, die helfen kann, das Problem im anschließenden halbstündigen Postmeet.
Psychologisches Empowerment	Das Gefühl von Bedeutsamkeit, Kompetenz, Selbstbestimmung und Einfluss während der Ausführung von Arbeitstätigkeiten. Wird vielfach als Ziel von New Work angesehen und ist mit Variablen wie Arbeitszufriedenheit, Arbeitsleistung, Innovationsverhalten und mehr psychischem Wohlbefinden assoziiert.
Psychologische Sicherheit	Bei hoher psychologischer Sicherheit können Menschen in ihren Teams zwischenmenschliche Risiken eingehen und ohne Befürchtungen ihre Meinung äußern (Edmondson 1999).
Scrum	Agile Arbeitstechnik, bei der die Mitarbeitenden in kleinen Teams und in Schleifen/Sprints arbeiten. Die Aufgaben sind zwischen einem Scrum-Master, dem Product Owner und dem Team aufgeteilt.
Schleifen	Auch häufig Sprints genannt. Es handelt sich um vierwöchige Etappen, in denen ein Kreis ein brauchbares Teilstück eines Produkts herstellt und sich dafür ein Feedback einholt.
Silodenken	Gefahr, die besonders in Hierarchien besteht, dass nur für einen Arbeitsbereich Lösungen gedacht und entwickelt werden. Notwendige Kooperation und Kommunikation zwischen verschiedenen Einheiten findet nicht statt.

Stakeholder	Menschen oder Gruppen, die am Handeln und dem Wohlergehen eines Unternehmens interessiert sind. Dazu gehören z. B. Mitarbeitende, Kundinnen oder Aktionärinnen.
Stand-up-Meeting, Stand-up	Kurzes Treffen, die bei den Stärkanderinnen in einem Kreis mindestens zweimal pro Woche stattfinden. Während des im Stehen abgehaltenen Meetings teilen die Stärkanderinnen mit, woran sie gerade arbeiten und bei welchen Hürden sie Unterstützung benötigen.
Supporterinnen	Zu einzelnen Phylen gehörende Supporterinnen werden von den Phylen selbst ausgewählt und verrichten nicht direkt produktbezogene Unterstützungsleistungen (z. B. Coaching, Marketing, Einkauf). Die generellen Supporterinnen kümmern sich um Dienstleistungen für das gesamte Unternehmen und arbeiten mit ihren Spezialgebieten den Supporterinnen in den Phylen sowie den Archontinnen zu.
VUKA-Welt	Akronym, das ursprünglich nach dem Zusammenbruch der Sowjetunion für die neue geopolitische Lage entworfen wurde und heute als Begriff für die Volatilität, Unsicherheit, Komplexität und Ambiguität der gegenwärtigen und zukünftigen Wirtschaftswelt steht.
Wasserfall-Methode	Ursprüngliche Methode im Projektmanagement, bei der ein Projekt in langfristige Ziele und Teilziele aufgeteilt wird, die ohne Kundinnenkontakt während des Prozesses abgearbeitet werden.

Anmerkungen

1 Früh haben sich die Gründerinnen von Stärkande dazu entschieden, im Unternehmen das generische Femininum zu verwenden. Das übernehme ich für meinen Bericht gern: Mit Stärkanderinnen und allen parallelen Personenbezeichnungen sind also männliche und andere nicht weibliche Geschlechtsidentitäten mitgemeint.

2 Sie mögen an dieser Stelle zu Recht einwenden, dass Stärkande bei der Gründung der Organisationsberatung mehrere Mitbewerberinnen durch die Abwerbung von Beraterinnen geschadet habe. Als ich Raphael einmal darauf ansprach, wendet er ein, dass der Wechsel den Kolleginnen nicht geschadet habe. Auch hätten Beratungen wie die Harkonnen durch den humanistischen Ansatz in der Behandlung von Beraterinnen bei Stärkande neu über ihre Führungsprinzipien nachgedacht.

3 Dieses Axiom ist inspiriert worden von Laloux (2015).

4 Spreitzer (2008), Schermuly (2021).

5 Siehe für eine ausführliche Erläuterung z. B. Schermuly (2021) oder Spreitzer (1995).

6 Siehe das Modell von Steger, Dik & Duffy, 2012.

7 Schermuly (2021).

8 Siehe Schermuly (2021).

9 Vogt & Weibel (2021).

10 Dieser Absatz enthält Ideen aus Vogt & Weibel (2021).

11 Robertson (2015).

12 Dunbar (2010).

13 Schurdel (2015).

14 Siehe Schermuly (2021).

15 Sponsorinnen sind Personen aus dem Auswahlteam, die sich für die Einstellung stark gemacht haben und sich im Onboarding der neuen Kolleginnen engagieren; findet sich keine Sponsorin im Auswahlteam, dann kann eine Person trotz positiver Evaluation nicht eingestellt werden.

16 Luthans et al. (1988).

17 Jessica und Alia sind in vielen Dingen gleich, aber hier sind sie »gleicher« und das ist im Unternehmen akzeptiert. Sie haben das Unternehmen gegründet und sie besitzen die größten Anteile. Sie sind ständige Mitglieder in der Archona. Das gilt nicht für die anderen Archontinnen und dieses Machtungleichgewicht ist den Mitgliedern bewusst, dennoch behindert es nicht die Arbeit. Es würde im Unternehmen nicht akzeptiert werden, wenn die Gründerinnen auf einmal »normale« Mitarbeitende wären. Ihre Führungsrolle ist breit anerkannt und gewünscht.

18 Siehe Kühl (1998) für die Herausforderung in flachen Hierarchien.

19 Wenn die Stärkanderinnen-Kreise später das Bedürfnis nach Führung wahrnehmen, dann können sie auch dann noch Phylarchinnen vorgeschlagen bekommen.

20 Siehe die Metaanalyse von Schermuly, Creon, Gerlach, Graßmann & Koch (2021).

21 Kim, Beehr & Prewett (2018).

22 Siehe auch Kim et al. (2018).

23 Siehe Schermuly (2021) für die Konzeption des sechsdimensionalen Führungsstils.

24 Van Dierendonck & Dijkstra (2012).

25 Der Begriff New Pay wurde vor allem von Franke, Hornung und Nobile (2019) geprägt.

26 »Gratifikation« klang allen zu sehr nach Geschenk, sodass sich schnell der Begriff »Aufmerksamkeit« im Unternehmen durchgesetzt hatte.

27 Nach Schein (2004).

28 Siehe Çakar & Ertürk (2010).

29 Angelehnt an Isaacs (1933).

30 Die Dimensionen sind angelehnt an Staufenbiehl & Hartz (2000).

31 Siehe für eine ähnliche Nutzung des Begriffs »Pionier« die Firma DINA in Wolfschlugen.

32 Quinn & Spreitzer (1997), S. 48.

33 Die Unterscheidung zwischen defensiven, aggressiven und konstruktiven Kulturen geht auf Cook und Szumal (1993) zurück.

34 Angelehnt an den Twitter-Post von Adam Grant am 14. Mai 2021.

35 Allport (1954).

36 Siehe Schermuly (2021).

37 Case (1995).

38 Great Game (2021).

39 Gajendran & Harrison (2007).

40 Microsoft (2021).

41 Polzer & DeFilippis (2020).

42 Auf der Affiliationsdimension sind Indikatoren für Freundlichkeit Lächeln, geringe interpersonale Distanz oder das Sprechen mit weicher Stimme. Feindliche nonverbale Ausdrücke sind z. B. Stirnrunzeln und Zähnezeigen, Anstarren oder eine laute Stimme.

43 Brynjolfsson & Mitchell (2017).

44 Höffe (2019).

45 Schölderle (2011), S. 481.

46 Schölderle (2011).

47 Schölderle (2011).

48 Schölderle (2011), S. 470.

49 Schölderle (2011).

50 Höffe (2019); Morus (1516/2015).

51 Höffe (2019); Morus (1516/2015).

52 Morus (1516/2015), S. 33.

53 Höffe (2019); Morus (1516/2015).

54 Bergmann (2017).

55 Schölderle (2011).

56 Kühl (2015).

57 Siehe z. B. Schermuly & Geissler (2021).

58 Nipperdey (1963), S. 362; zitiert nach Schölderle (2011), S. 472.

59 Schölderle (2011).

60 Höffe (2019).

61 Wissenschaftliche Dienste des Deutschen Bundestags (2010).

62 Froude (2012).

Literatur

Allport, G. W. (1954). *The nature of prejudice*. Addison-Wesley.

Bergmann, F. (2017). *Neue Arbeit – Neue Kultur* (6. Aufl.). Arbor.

Brynjolfsson, E., & Mitchell, T. (2017). What can machine learning do? Workforce implications. *Science, 358* (6370), 1530 – 1534.

Çakar, N. D., & Ertürk, A. (2010). Comparing innovation capability of small and medium-sized Enterprises: Examining the effects of organizational culture and empowerment. *Journal of Small Business Management*, 48 (3), 325 – 359. https://doi.org/10.1111/j.1540-627X.2010.00297.x

Case, J. (1995). *Open-book management: The coming business revolution*. Harper Collins.

Cooke, R. A., & Szumal, J. L. (1993). Measuring normative beliefs and shared behavioral expectations in organizations: The reliability and validity of the organizational culture inventory. *Psychological Reports, 72* (3), 1299 – 1330. https://doi.org/10.2466/pr0.1993.72.3c.1299

Dunbar, R. (2010). *How many friends does one person need?: Dunbar's number and other evolutionary quirks*. Faber & Faber.

Edmondson, A. (1999). Psychological safety and learning behavior in work teams. *Administrative Science Quarterly, 44* (2), 350 – 383. https://doi.org/10.2307/2666999

Franke, S., Hornung, S. & Nobile, N. (2019). *New Pay – Alternative Arbeits- und Entlohnungsmodelle*. Haufe.

Froude, J. (2012). *The execution of Sir Thomas More.* Verfügbar unter: http://www.luminarium.org/renlit/moreexecution.htm [23.08.2021]

Gajendran, R. S., & Harrison, D. A. (2007). The good, the bad, and the unknown about telecommuting: Meta-analysis of psychological mediators and individual consequences. *Journal of Applied Psychology, 92* (6), 1524 – 1541. https://doi.org/10.1037/0021-9010.92.6.1524

Great Game (2021). *The Fundamentals of Open-Book Management.* Verfügbar unter https://www.greatgame.com/faq/open-book-management [11.10.21]

Höffe, O. (2019). Thomas Morus – ein Staatsmann erfindet Utopia. *ZfP Zeitschrift für Politik, 66* (1), 63 – 85.

Isaacs, S. (1933). *Social development in young children*. Routledge and Kegan Paul.

Kim, M., Beehr, T. A., & Prewett, M. S. (2018). Employee responses to empowering leadership: A meta-analysis. *Journal of Leadership & Organizational Studies, 25 (3)*, 257 – 276. https://doi.org/10.1177/1548051817750538

Kühl, S. (1998). *Wenn die Affen den Zoo regieren: die Tücken der flachen Hierarchien.* Campus Verlag.

Kühl, S. (2015). Wie demokratisch können Unternehmen sein? Wirtschaft und Weiterbildung, *6/15*, 18–24.

Laloux, F. (2015). *Reinventing organizations: ein Leitfaden zur Gestaltung sinnstiftender Formen der Zusammenarbeit.* Vahlen.

Luthans, F., Hodgetts, R. M. & Rosenkranz, S. A. (1988). *Real managers*. Ballinger.

Microsoft (2021). *The next great disruption is hybrid work – are we ready?* Verfügbar unter https://www.microsoft.com/en-us/worklab/work-trend-index/hybrid-work [11.08.21]

Morus, T. (1516/2015). *Utopia*. Edition Klassik. Amazon.

Polzer, J. T. & DeFilippis, E. (2020). The consequences of collaboration overload. *Academy of Management Proceedings*, *20* (1), 21045.

Quinn, R. E., & Spreitzer, G. M. (1997). The road to empowerment: Seven questions every leader should consider. *Organizational Dynamics, 26 (2)*, 37–49. https://doi.org/10.1016/S0090–2616(97)90004–8

Robertson, B. J. (2015). *Holacracy: The new management system for a rapidly changing world.* Henry Holt and Company.

Schein, E. H. (2004). *Organizational culture and leadership* (3rd ed.). Jossey-Bass.

Schermuly, C. C., & Scholl, W. (2011). *Instrument zur Kodierung von Diskussionen (IKD).* Hogrefe.

Schermuly, C. C. (2021). *New Work – Gute Arbeit gestalten: Psychologisches Empowerment von Mitarbeitern* (3. Aufl.). Haufe.

Schermuly, C. C. & Geissler, C. (2021). New Work im Krisenmodus. *Personalmagazin, 09/21*, 24–28.

Schermuly, C. C., Creon, L. E., Gerlach, P., Graßmann, C., & Koch, J. (2022). Leadership styles and psychological empowerment: A meta-analysis. *Journal of Leadership & Organizational Studies. Advance online publication*. http://doi.org/10.1177/15480518211067751

Schölderle, T. (2011). *Utopia und Utopie*. Nomos.

Schurdel, H. D. (2015). *Athens Kolonien.* Verfügbar unter: https://www.g-geschichte.de/plus/athens-kolonien/ [29.11.2021]

Spreitzer, G. M. (1995). Psychological Empowerment in the Workplace: Dimensions, Measurement and Validation. *Academy of Management Journal, 38 (5),* 1442–1465. https://doi.org/10.5465/256865

Spreitzer, G. (2008). Taking stock: A review of more than twenty years of research on empowerment at work. *The SAGE handbook of organizational behavior* (pp. 54–72). Sage Publication.

Staufenbiel, T., & Hartz, C. (2000). Organizational Citizenship Behavior: Entwicklung und erste Validierung eines Messinstruments. *Diagnostica. 46* (2), 73 – 83. https://doi.org/10.1026/0012 – 1924.46.2.73

Steger, M. F., Dik, B. J., & Duffy, R. D. (2012). Measuring meaningful work: The work and meaning inventory (WAMI). *Journal of Career Assessment, 20 (3)*, 322 – 337. https://doi.org/10.1177/1069072711436160

van Dierendonck, D., & Dijkstra, M. T. M. (2012). The role of the follower in the relationship between empowering leadership and empowerment: A longitudinal investigation. *Journal of Applied Social Psychology, 42*, E1–E20. https://doi.org/10.1111/j.1559 – 1816.2012.01022.x

Vogt, O. & Weibel, A. (2021). Neue Organisationen braucht das Land. *Personalmagazin, 08/21*, 32 – 35.

Wissenschaftliche Dienste des Deutschen Bundestags (2010). *Thomas Morus – Patron der Regierenden und der Politiker*. Verfügbar unter: https://www.bundestag.de/resource/blob/191524/a4661edd61ae574e0f6956a3517aab0b/thomas_morus-data.pdf [7.10.2021]

Feedback